厲害店長帶人管理術

帶人管理術

找人，你累了嗎？

tality Management

日本NO.1管理培訓專家
清水均／著
Hitoshi Shimizu

賴庭筠・林心怡／譯

八方出版

　　「待客」（hospitality）是指站在對方的角度（想像對方是自己或家人）而提供無微不至的貼心服務。在待客服務的過程中，若客人因這樣的服務而感到開心，也能帶給員工們在工作上的喜悅及成就感。其實，所有的人都擁有「待客之心」，因此「hospitality」也經常被譯為「款待」。

　　美國有所謂的「餐旅業」（hospitality business），指的就是「由衷款待顧客的行業」，包括飯店、餐廳、提供客機的航空公司、提供客船的航運公司、度假村等俱樂部，以及主題樂園等使用設施與設備。

　　餐旅業也稱為「人類產業」（human industry）、「人的產業」（people business）。廣泛的說，與接待顧客有關的流通業、零售業、美容業、美體業等服務業，都屬於待客業。

　　而本書所提到的「待客管理」，是指如何**管理待客業中最關鍵的環節──人力資源的管理方法。**包括下列具體事項：

- 首重選才與培訓的店內組織
- 維持員工的工作動力與士氣
- 訓練員的培訓制度（訓練員工以擔任指導工作）
- 與顧客接觸時，能具體呈現公司的經營哲學與理念
- 店長的領導能力＝信任×尊重的重要性
- 計算人事費用比率與管理班表

筆者在拙著《ホスピタリティマネジメント》（暫譯：待客訓練）（日經BP）中，介紹了實踐待客管理時所需使用的人才訓練方法。尤其是為了激發個人擁有的待客之心，必須以「肯定、鼓勵、誇獎」等技巧為基礎進行訓練。

其訓練哲學在於培養員工「獨立思考的能力」，透過傾聽與積極回答，促使員工「發現」與「省思」，進而達到培育人才的目的。在此介紹待客訓練的定義：

待客訓練是指

1　透過訓練技巧，激發員工原本就擁有的待客（款待）之心，進而促使員工行動的溝通方法。

2　目標是為結合顧客的感動與感激（＝員工透過工作獲得的感動與感激），打造得以實現待客之道的環境。

3　由主管與部屬共同累積「發現」、「省思」與「分享」，培育能夠獨立思考與行動的人才。

4　發展尊重多元價值的企業文化，使公司成為「學習型組織」，使經營不受環境與潮流變化影響。

5　使員工透過自我實現，找到工作的使命（任務），並使個人工作目的與公司目的合而為一。

引用自《待客訓練》（日經BP）

本書也會視情況，提及待客訓練的部分。希望各位運用接下來即將介紹的各種實踐工具（管理表格、清冊等），建立店鋪的管理方法。

　　請將本書視為店長的教科書，致力於培育店長、訓練員（負責訓練新人的員工）、專業指導員（負責指導工作的員工）等人才，不僅能夠提升培育兼職或計時員工的效率，還可達到相輔相成的效果。

　　每一章標題出現的百分比（例如：90%的店長不懂如何正確面試）是筆者長年為逾 500 間公司擔任經營顧問，實際感受到的數據，並依照數據及優先順序，排列出每一章的課題。此外，為方便各位能夠衡量公司自身的課題，並加以實踐，目次也搭配書名，標示「募集人才、掌握人心、留住人才」3 項分類。

Contents | 目 錄

Preface 何謂「待客管理」？ ……… 2

chapter 1 正確的面試方法與重點 募集人才

1-1 90%的店長不懂如何正確面試 ……… 10
1-2 掌握應徵者的性格特質 ……… 21
1-3 面試時必須交代與確認的事項 ……… 26

chapter 2 店長努力創造的動力 掌握人心

2-1 80%的店家沒有新進員工訓練 ……… 32
2-2 正確的新進員工訓練 ……… 38
2-3 觀察店長的個人特質與工作態度 ……… 50

chapter 3 消除新進員工的孤立感與疏離感 掌握人心

3-1 70%的新進員工第一天就得上戰場 ……… 56
3-2 從第一天開始訓練新進員工 ……… 63
3-3 職場禮儀的關鍵在一開始 ……… 66

chapter **4** 有快樂的員工，才能創造快樂的顧客　　募集人才

4-1　60%的人才因徵人啟事與電話應對而流失 ……… 72

4-2　電話將決定應徵者對公司的第一印象 ……… 77

4-3　改變對Ｐ／Ａ的既定觀念 ……… 80

chapter **5** 建立準則，才能找到改善的方法　　留住人才

5-1　50%的店家缺乏標準化的服務、作業流程 ……… 92

5-2　工作守則＝將最佳方法標準化 ……… 100

5-3　「標準化、單純化、系統化」與「分工、分責、整體化」……… 103

chapter **6** 關鍵點就在前 3 天的訓練流程　　掌握人心

6-1　40%的新進員工在工作 3 天後離職 ……… 116

6-2　工作守則的本質應為「易用、易懂、易教」……… 118

6-3　階段性訓練課程的價值與觀念 ……… 120

chapter **7** 正確進行「在職訓練」的方法　　留住人才

7-1　30%的店長未正確進行「在職訓練」（ＯＪＴ）……… 142

7-2　「訓練員培訓制度」的重要性 ……… 147

7-3　強化服務品質的 3 項策略 ……… 152

chapter **8** 降低離職率的待客訓練 留住人才

8-1 店長的領導能力，將決定員工的離職率 …… 160

8-2 20%的員工因人際關係離職（尤其是女性）…… 164

8-3 使女性兼職員工成為戰力的基本對策 …… 167

chapter **9** 以個別面談提升員工程度與向心力 留住人才

9-1 10%的店長未定期進行個別面談 …… 174

9-2 進行個別面談的時機與重點 …… 179

9-3 店長必備的聆聽力、設定目標力 …… 182

chapter **10** 工作守則是基礎，經營理念才是重點 掌握人心

10-1 將經營理念落實於顧客服務 …… 190

10-2 在小商圈中屹立不搖的 3 個要素 …… 194

10-3 善用晨會與會議，促使員工持續實踐公司理念 …… 200

chapter **11** 以環境培育人才，以評鑑活用人才 留住人才

11-1 以職責分工，創造個別的成就感與團隊意識 …… 206

11-2 以「職務資格分級制度」，建立加分主義的薪資體系 …… 210

11-3 建立「職能評鑑制度」…… 226

chapter **12** 帶人管理的成功關鍵在於「培育店長」 募集人才

12-1 帶人管理與店長的領導能力 ……… 238

12-2 人事費用的管理與勞務分配 ……… 242

12-3 P／A的適切人數與掌握班表的訣竅 ……… 251

後記 ……… 261

附錄 ……… 264

　　緊急應變準則

　　緊急聯絡清單

　　火災逃生守則

　　地震因應守則

　　颱風因應守則

　　停電因應守則

　　停水因應守則

chapter **1**

正確的面試
方法與重點

1-1 90%的店長不懂如何正確面試

1-2 掌握應徵者的性格特質

1-3 面試時必須交代與確認的事項

1-1 90%的店長 不懂如何正確面試

☺ 面試時必須將應徵者視為「重要人才」

經營服務業、流通零售業的基本條件是「人」，而其特徵在於店鋪數量多、營業時間長，且第一線員工多為兼職與工讀生（日文為外來語 part-time/Arbeit，以下簡稱 P/A）。想當然耳，P/A 與顧客接觸的機會與時間也比較頻繁。但是，上述產業也有一大問題——**員工流動率高**。特別是對餐飲服務業與中小型零售商來說，人力不足絕不是現在才有的問題。近年來，人力不足的問題日趨嚴重，甚至引發幹部斷層、導致公司破產等情況。

無論晨昏，店長都站在店鋪的第一線。可惜的是，除了大型超市、外商餐飲服務業等極少數的公司以外，90%的店長都不了解正確面試與新進員工訓練（以下簡稱新

訓）的重要性，通常都是憑藉店長自己的知識與經驗進行面試。

　　若應徵者在電話中或面試時留下了壞印象，或是感覺自己被錄取後並沒有得到重視，單純只是來「充數」的，多數新進的員工會在工作幾天後就離開。換言之，人才快速流失的現況，正是沒有正確進行面試所造成的惡果。以大型外商連鎖餐廳為例，在 3 個月內離職的新人多達42%，而在 1 個月內就辭職的新人當中，更是有 40%的人是在 3 天內就離職了（參見 Chapter2-1）。

　　人才的快速流失會增加那些認真而且任勞任怨的 P/A 排班時的負擔，導致原本不打算離職的資深員工也因疲倦不堪而決定出走。此外，店長本身也會陷入持續過度工作而完全無法休假的的惡性循環之中。這些將以明確的數據呈現在 Chapter8 闡述的離職率上。

　　一般來說，應徵者的人數會隨著顧客滿意度的增加而成長，潛在的應徵者也會受到曾經前來消費的親友影響。因此，風評不好的店家即便張貼再多廣告，也無法募集到足夠的人員。即使有人前來應徵，也會因為店長及員工缺乏面試與新訓的知識與技巧，導致許多寶貴人才只是來「充數」。

筆者將在 Chapter4 詳細說明 P/A 求職者的認知和價值觀與以往的差異。未來 30 歲以上的女性兼職員工即將成為主力員工，而觀察她們的求職理由（參見 83 頁），會看見 56% 的女性表示「想要兼顧工作與家庭」、23% 的女性表示「希望工作時數短」，她們不希望受到公司或工作的束縛。工讀生則是期待「累積人生經驗」、「累積工作經驗」，但是他們在實際應徵時，會受到親友的意見影響，產生先入為主的印象，包括「工作很辛苦、薪水不高、似乎要記很多東西……」（參見 86 頁）

實際上，應徵者被錄取後是否會來上班，端看應徵者對面試官的印象而定。因此，由店長親自面試非常重要，店長是否能讓應徵者感受到誠意與熱情，是最大的關鍵。為此，店長必須以簡單易懂的方式，讓應徵者了解服務的美好與樂趣、公司的經營哲學與理念等等。店長若是能用自己的話熱切傳達服務精神，便能突顯店家的魅力所在，找到優秀人才的機率也會提升。請各位別忘了，面試時，店長也同樣在接受考驗！

面試的重點，就在於面試官是否能夠在有限的時間內，了解應徵者是否適合這份工作，挖掘應徵者的未來潛力——這也是必須學習的**正確面試方法與技巧**。不僅如此，隨著面試經驗的增加，也可以比較應徵者在面試時與錄取後的表現差異與各階段的成長，藉由個案研究樣本數的累積，進而提升面試的精準度。

☺ 正確的面試方式

下列是店長在面試時應該留意的重點及詳細說明。

1. 招呼與引導應徵者
2. 事先決定面試場地
3. 使用「面試問卷」
4. 面試時，先感謝對方前來應徵，由面試官進行自我介紹，並拉近距離
5. 面試時間必須短而且確實
6. 藉由開放式問題，概略了解應徵者的背景與資料
7. 簡要說明店鋪特色與職務內容
8. 給予應徵者提問的機會
9. 當場錄取時，一定要說明理由
10. 不錄取也要告訴對方「我們會保留您的應徵資料」
11. 最後要再次感謝對方前來應徵
12. 面試時絕對不能做的事

1. 招呼與引導應徵者

當求職者前來應徵時，通常會像顧客一樣走進店裡，這時店長與員工的招呼與反應十分重要。當求職者表示「我是來面試的」時，店長與員工千萬不可流露出「嘎？你不是顧客哦！」的態度。

切記！無論錄取與否，**求職者都是住在商圈範圍內的重要顧客**。因此，店長與員工都要適切地招呼每一位應徵者。

員工在引導應徵者時，記得要說：「謝謝你來應徵。店長有吩咐過這件事，請跟我來。」這樣一來，應徵者就會對店面與員工留下良好的第一印象。為此，店長**必須從數天前就在晨會等場合，告訴員工如何招呼應徵者**。

對員工來說，應徵者等於是未來有可能一同工作的夥伴。不妨請員工回想自己當初前來應徵時的情形，站在應徵者的立場，思考應該如何接待。

2. 事先決定面試場地

若是餐飲業的面試場地，不妨訂在不會影響到顧客，又能夠專注面試的座位。由於面試時間有可能會延長，建議事前預備好座位。

若是零售業的話，可以將面試安排在會客室或倉庫等整齊乾淨而且舒適的空間。此外，為使應徵者放鬆，要避免坐在應徵者的正對面。

應徵者面試問卷

西元　　　年　　月　　　日

姓名：_____

　　感謝您於百忙之中撥空前來面談。本公司竭誠歡迎您的加入，成為公司共同打拼的夥伴。為避免造成您的困擾，請回答下列幾項問題，以便本店了解您的工作適性。感謝您的協助。

問題

1. 希望工作職稱：A._____　　B._____
2. 前來本店工作所需通勤時間：徒步、腳踏車、機車、捷運、汽車：_____分鐘
3. 是否曾經在其他地方工作？　A.有　　B.無
   有，職業類別：_____
4. 應徵目的與動機_____
5. 請複選您可以排班的日期：
   　　一　　二　　三　　四　　五　　六　　日　　假日
6. 請圈選您可以排班的時間起始點：
   （平　　　日）AM 9 10 11 12　PM 1 2 3 4 5 6 7 8 9 10 11 12
   （週末／假日）AM 9 10 11 12　PM 1 2 3 4 5 6 7 8 9 10 11 12
7. 您希望在本店工作多久？
   _____個月左右　　_____個月以上　　其他：_____
8. 您希望待遇，以及您的酬勞將使用於哪些方面？
   _____
9. 您喜歡自己的個性嗎？　A.喜歡　　B.不喜歡　　C.兩者皆非
10. 您認為哪些特質對於服務業最為重要？請選擇一項。
    A.對人親切　　B.個性開朗　　C.說話有禮貌　　D.率直
11. 您認為怎麼做才能使顧客滿意？請試舉一項。
    _____
12. 最後，您認為您會喜歡這份工作嗎？
    _____

　　謝謝您。　　　　　　　　　　　　若經採用，將有專人與您聯絡。

姓名：_____　電話：_____　負責人：_____

15

3. 使用「面試問卷」

應徵者坐定後，先遞上「應徵者面試問卷」（參見 15 頁）與筆，告訴應徵者：「不好意思，店長大約 10 分鐘後會到，請先填寫這張問卷。」如果可以的話，請提供茶水。

大多數的應徵者都會比預定的時間早到，此時店長可能還在進行前一場面試或其他工作。讓應徵者填寫問卷的這段時間，剛好能讓店長將其他面試與工作告一段落。

請應徵者在問卷上填寫工作目的、希望排班時段、希望待遇等事項，就能夠先了解對方的期待，方便之後進行調整。

4. 面試時，先感謝對方前來應徵，由面試官進行自我介紹，並拉近距離

面試一開始，先感謝對方前來應徵，接著營造輕鬆的氛圍，讓應徵者卸下心防。

面試官簡單自我介紹後，接著開始「破冰¹」（ice-breaking）。破冰是指在進入正題前，以較輕鬆的話題暖身，使氣氛輕鬆，猶如冰塊融化一般。

---

1 打破人際關係或對話的一種溝通技巧，諸如自我介紹等等。

具體來說，像是親切地問候應試者：「你好，這次謝謝你來應徵。我是店長○○，請多多指教。」接著先聊些輕鬆的日常話題，比如「你一下子就找到路了嗎？」「你今天怎麼來的呢？」「你的膚色曬得好健康喔，有從事什麼戶外活動嗎？」等，盡可能使應徵者放鬆心情。

5. 面試時間必須短而且確實

每位應徵者平均**面試時間以 15～20 分鐘**為宜。時間若是太短，面試官便無法充分判斷對方是否適任；反之，時間若是太長，不但會造成雙方的專注力下降，也會耽誤應徵者的時間。

6. 藉由開放式問題，概略了解應徵者的背景及資料

想要判斷應徵者是否適合，就必須盡可能提出開放式問題。開放式問題是指能讓對方用自己的話自由發揮的問題。例如可以提出「你之前有來過我們店嗎？印象如何呢？」「你覺得以顧客的角度來看，有什麼需要改進的地方嗎？」等問題，盡可能讓應徵者充分闡述自己的意見。

這樣一來，你就能確實觀察對方的遣詞用字、表達能力、眼神接觸、微笑時的表情與態度。此時話題的選擇，不妨運用面試問卷和應試者帶來的履歷表。

對於應徵者的評價，可填寫於 25 頁的「面試確認表」，只要在評語欄簡單寫下應徵者是否適合、印象如何，之後進行選才就很方便。

7. 簡要說明店鋪特色與職務內容

請在結束必要問題後說：「我簡單說明一下店面營運的相關事務，還有這次徵才的職務內容。」具體傳達店鋪特色、銷售商品、主要工作內容、薪資、交通費，以及制服借用與管理方法。此外，如果是餐飲業，還要確實說明供膳與否等待遇。

此時，請不要使用專業術語或英語，避免讓毫無經驗的應徵者感到困惑。店長必須盡可能避免使應徵者感到不安與疑惑。另外，請別忘了確認應徵者可接受的最低薪資、旺季是否可以工作。

8. 給予應徵者提問的機會

在面試的最後時刻，可以說：「面試到這邊差不多了，如果有任何問題，歡迎提問。」給予應徵者提問的機會。若應徵者有問題，請有禮貌地回答。此時的應對將使應徵者感受到店長的良好人品與誠意，進而產生信任感與安心感。

9. 當場錄取時，一定要說明理由

若你確定要錄取對方，不妨當場告知。來職者通常會同時應徵很多間公司，若你認為對方十分適合這份工作，心理認定「就是他了」，就必須當機立斷。

決定當場錄取後，一定要告訴應徵者你對他的評價：「透過我們的談話，你的笑容很開朗、聲音很宏亮，我想你一定能夠和其他員工相處得很好」等，以及決定錄取他的理由。這樣一來，應徵者才會知道自己被錄取是基於十分正面的評價，也會產生「在這裡工作看看吧」的意願。若是未說明理由，應徵者便會有所疑慮：「是不是太缺人了，所以隨便來個人都好？」

10. 不錄取也要告訴對方「我們會保留您的應徵資料」

若確定不錄取對方，也請委婉地說：「若您在明天晚上○○點前未收到通知，表示這次因為排班時段的人力考量而暫不採用，請您見諒」。

此外，請預留未來合作的可能性：「之後若是本店缺人，我們會主動與您聯絡，若您也正在找工作的話，十分歡迎您到本店工作。」

即使不可能錄取對方，也不要直說，免得傷害應徵者的自尊心。不論如何，原則上都要告訴對方「我們會保留您的應徵資料」。

11. 最後要再次感謝對方前來應徵

最後必須再次慎重的向對方道謝：「謝謝您撥空前來面試。」並送對方走到店門口。

12. 面試時絕對不能做的事

即使面試時就確定不會錄取對方，也千萬別讓應徵者有這種感覺，否則會對付出心力的應徵者十分失禮，也突顯出店長的為人處事不夠圓融及周全。面試突然改變對應徵者的語氣與態度，並急著結束面試──這是年輕或不夠成熟的店長最容易犯的失誤。

應徵者是住在商圈範圍內的重要顧客。即使確定不錄取對方，也要把這場面試當成是向顧客介紹本店的絕佳機會，可以宣傳對商品品質及服務的堅持，以及公司其他的店鋪經營形態等。

1-2 掌握應徵者的性格特質

　　如何提升「生產力」，是勞力密集型的待客業的重要課題。生產力提升後，公司就能支付員工較高的待遇，也可以持續成長及生存。

　　未來受到少子化的影響，正職員工和 P/A 的人數不足，將是許多店鋪型商家必須持續面對的問題。因此無論公司規模大小，都應該先確實掌握應徵者適不適合。接著，在錄取後，盡可能讓人才發揮能力，幫助員工達成自我實現的目標。**培育人才，絕對是公司最重要的經營策略之一。**

這樣一來，員工的穩定度與服務品質都會提升，進而使生產力提升。從這個觀點來看，在待客業中總是獲得世界好評的連鎖飯店 —— 麗思卡爾頓飯店（The Ritz-Carlton）的選才原則與面試方式非常值得參考。

麗思卡爾頓的創辦人霍斯特‧舒茲（Horst Schulze）從十幾歲開始，就在瑞士飯店擔任行李服務員，他從自己的經驗中得到一個信念，也成為廣為流傳的名言：「**成功的品質，從選擇適合的員工開始。**」由此可知，他最重視的是員工的「天分」（資質、才能）。

「天分」是指個人與生俱來，並且能得到充分發揮的潛在能力。天分具有不因經驗或教育而改變的特性。

天分是指：
- 與生俱來的天賦。
- 盡情發揮時，個人能夠獲得滿足與成功。
- 無意識的行為。
- 擁有個人的思考邏輯及行為模式。
- 透過人際關係或自我投資，而有所成長。
- 在優秀管理者的指導之下，將潛力發揮到最大。

面試過程中，天分應為最重要的判斷標準。麗思卡爾頓將下列 11 項視為直接接觸顧客的第一線員工不可或缺的天分。

1. 職業倫理
2. 自尊心
3. 說服力
4. 人脈經營
5. 團隊
6. 積極性
7. 服務（待客與行動）
8. 共鳴
9. 用心
10. 正確性
11. 上進心

在麗思卡爾頓的面試中，會分別以 5 個問題來評價上述的 11 項天分，以○或×註記。

例如，評價「說服力」的問題，可能是「最近有什麼書、電影或連續劇令你留下深刻印象嗎？」「那麼請你簡要介紹那本書的內容」；評價「團隊」的問題可能是「你曾經協助夥伴完成什麼事呢？當時你扮演著什麼樣的角色呢？」；評價「服務（待客與行動）」的問題，可能是

「你最近是否曾做過什麼讓別人感到喜悅的事？」。藉由諸如此類的開放式問題，引導出應徵者內心真正的想法，並透過各個問題的回答，判斷出應徵者的天分與可塑性。

麗思卡爾頓飯店的選才方法最值得學習之處，就是重視「天分」的觀念。**錄取缺乏「天分」的人，再怎麼教育或訓練，其成長的程度都很難達到公司的期望。這樣一來，對應徵者、對公司都不是好事。**

面試確認表

姓名：　　　　　　面試負責人：　　　　　　日期：西元　　年　　月　　日

	確認項目	YES	NO
1	態度、用字遣詞是否適切、有禮貌？		
2	穿著打扮是否合宜？		
3	髮型、化妝是否合宜？（若不恰當，錄取後是否可依照規定調整？）		
4	整體是否給人開朗清爽的感覺？		
5	笑容是否自然？		
6	打招呼與回應時的聲音是否清晰宏亮？		
7	是否有朝氣、有活力？		
8	是否有工作意願？		
9	是否能與其他員工和平相處？		
10	是否符合應徵工作的條件？		
11	通勤時間是否過長？		
12	制服尺寸是否合適？		
13	交友關係是否合宜？		
14	是否有近視或視線不良的問題？		
15	四肢是否健全？		
16			
17			
	合　計		

應徵者的面試問卷評價

_____

YES 的項目
數量合計　　＝　　％＝　　分

是否錄取：　　　　是（錄取）
　　　　　　　　　否（不錄取）
　　　　　　　　　待有空缺時再聯絡（保留）

錄取通知：　　　月　　日
　　　　　上午／下午　　時　　分　　　面試者：

初次出勤時間：　　月　　日
　　　　　上午／下午　　時　　分　　　請找本店負責人：

　　　　※制服、名牌、置物櫃、出勤卡等等由　　　負責處理

　　　　　　　　　　　　　　　年　　月　　日　店長（蓋章處）

1-3 面試時必須交代與確認的事項

　　為了避免錄取後引發糾紛，建議面試時一定要確認下列事項。接下來，筆者將一一說明。

面試必須確認的項目

1　與法定代理人聯絡（應徵者為未成年人時）
2　戶籍與現居地址
3　通勤方式與所需時間
4　讀書時間、考試期間與社團活動等
5　試用期
6　旺季是否能夠排班
7　公司提供的員工福利
8　協調新訓的時間

1. 與法定代理人聯絡（應徵者為未成年人時）

　　若應徵者為高中生，錄取時必須與法定代理人取得聯絡，並委託對方繳交「法定代理人同意書[2]」資料及其年齡證明文件（如下圖）。

```
━━━━━ 法定代理人同意書 ━━━━━

本人＿＿＿為＿＿＿之法定代理人。特立此書
同意＿＿＿至貴公司任職。

姓    名：＿＿＿＿＿＿
身份證字號：＿＿＿＿＿＿
出 生 日 期：＿＿＿＿＿＿
住    址：＿＿＿＿＿＿
         民國   年   月   日
此致  ○○○○○○有限公司
董事長○○○先生
    法定代理人姓名：＿＿＿＿＿＿
    身 份 證 字 號：＿＿＿＿＿＿
    地    址：＿＿＿＿＿＿
    電    話：＿＿＿＿＿＿
                  請簽名或蓋章
```

2. 戶籍與現居地址

　　先確認在學工讀生是否為當地人，若非當地人，暑假等長假可能必須返回老家而無法工作。

　　若為當地人但住在出租公寓或宿舍等地，還要確認對方的工作目的（補貼房租、生活費等）、住處是否設有門

2　台灣規定未滿十六歲，雇主應與其簽定法定代理人同意書。

禁。此外，還要確認兼職員工暑假時是否能排班。

3. 通勤方式與所需時間

詢問應徵者如何從住處或學校抵達店裡，以及需要花費多少時間、是否過於勉強。

此外，還要確認住處或宿舍是否設有門禁，以及結束工作後如何返家，若值晚班是否趕得上末班車等。

接著，判斷應徵者是否符合公司支付交通津貼的條件，再告知是否提供交通費。

4. 讀書時間、考試期間與社團活動等

確認在學工讀生的課表時間或空堂，以及上課時間是否會有變動等。此外，若同時錄取好幾個同校學生，考試期間則有可能重疊，導致無法調整排班，因此應盡可能避免錄取同校學生。

若在學工讀生有參與社團活動，還要事先確認無法配合排班的日期及社團預定行程。

5. 試用期

根據日本法律規定，自錄取日起算，2 週內可以隨時

解僱員工[3]。為了避免引發糾紛，建議事前告知對方試用期的時間。解僱 P/A 也必須比照正職員工，經過事前通知、提供資遣費等必要程序。然而，若為 2 個月內的短期僱用，在試用期工作 2 週以內，則不需要提供資遣費，但為了避免引發糾紛，不妨事前通知，並與對方面談後，再請對方辭職。

此外，不妨使對方了解「不管之後是否適合這份工作，在試用期店長、前輩都會盡可能指導，並會在工作 1 週後再進行面談」。

6. 旺季是否能夠排班

為維護員工權益，春節、連假、中秋節等旺季，全體員工必須輪流上班，告知對方能配合排班者將優先錄取。

7. 公司提供的員工福利

若有員工用餐及購物折扣、運動健身房、保齡球館、休閒度假村、溫泉旅館等優待券，或公司有提供海外旅遊補助等福利，一定要告知應徵者。

3　根據台灣勞基法規定，試用期由勞雇雙方自行決定，若工讀生試用期未屆滿即離職，雇主仍應發給該工作期間之工資。

8. 協調新訓的時間

　　通知錄取時，應盡快確定新訓的日期。在應徵者尚未改變心意之前，進行新訓，能更確實掌握人心。

chapter **2**

店長努力創造
的動力

2-1 80%的店家沒有新進員工訓練

2-2 正確的新進員工訓練

2-3 觀察店長的個人特質與工作態度

2-1 80%的店家 沒有新進員工訓練

😊 透過新訓，讓員工留下

　　錄取新員工之後，首先務必進行新訓與初期教育。在進一步說明之前，筆者將先以外食業為例，讓各位了解目前的離職情況的嚴重性。

　　日本正面臨可能因正職員工或P/A 人力短缺而導致公司破產的嚴峻時代。近年來，外食業的實際情形更加慘烈。大型連鎖外食公司每年錄取 5000～9000 名 P/A，而這幾年平均每年都有 30～40%的員工離職。不僅如此，其中有 42%的員工是在 3 個月內辭職，而其中約有 40%僅工作 3 天就辭職。換言之，每年錄取 5000 人的公司，3個月內有 740 人、3 天內有 300 人辭職；而每年錄取 9000人的公司，3 個月內有 1320 人、3 天內有 530 人辭職。

換作是每年錄取 50 人的中小型公司，等於 3 個月內就有 7～8 人辭職。由於中小型公司缺乏完善的招聘、培訓等機制，實際的離職人數可能還要更多。徵人廣告的刊登費用，在會計科目中經常被列為「廣告費」，但事實上徵人廣告與人事有關，應列入人事費用才對。離職率若高居不下，徵人費用也會相對增加。因此，就會計層面來思考，徵人費用應列入人事費用。另外，也有公司將員工研習費用列為人事費用。況且，店長、員工必須花費相當多的心力培訓新錄取的 P/A，若 P/A 短時間內就辭職，對店長或其他員工所造成的心理壓力更是難以估計。

　　只要掌握每 3 個月的離職率，就能了解公司的營運狀況。之所以需要每 3 個月確認一次，是因員工大多集中在旺季前後離職。旺季包括每年的 12 月底至 1 月初，畢業、開學、異動、求職旺季的 3、4 月，黃金週4 的 5 月，暑假的 7、8 月，因此大約是 3 個月循環一次，無論是服務業還是流通零售業皆同。

　　為了有效降低離職率，旺季前最好提前進行「個別面談」，確認員工的排班時間（參見 Chapter9）。然而目前許多店家不是完全沒有，就是未定期實施「個別面談」，才會導致離職率不斷升高。

4　日本黃金週為 4 月底至 5 月初，連續 5 天的假期。

對於大量僱用 P/A 的服務業或流通零售業來說，如何使新錄取的人才在短時間內成為戰力是非常重要的課題。正如筆者於本章一開始介紹的離職情況，能否將人才培育成為戰力，重點在於入職的「前3天」。

充滿幹勁的新進員工、第一次工作的 P/A 都是具有潛力「人才」。若是這些「人才」經過新訓，以及階段性的教育訓練，能夠成長為新進員工的訓練員或值班主管（代理正職員工），那就是公司「人財」。

要將「人才」培育為「人財」的第一步，就是在入職的前 3 天為新進員工進行新訓與初期教育。甚至可以這麼說，新進員工的幹勁、工作態度，這3天將是關鍵期。

在初期教育，必須教導新進員工認識營運安全管理和衛生管理知識，以及待客服務的基礎，了解身為員工的分內工作。

不僅如此，還必須讓新進員工了解如何用良好的接待禮儀，呈現公司的服務精神（行動規範、行動原則），同時還要培養與學習向正職員工打招呼、正確的洗手方法、保持儀容整潔、接收指示時的回應、善後收拾、向主管報告等工作上的好習慣。

只要徹底並持續進行，就能循序誘導員工的個人特質、感性與創造性。如此一來，不僅商品價值能夠獲得提升，員工對於顧客的個別應對能力與待客服務品質也會提升。

　　若新進員工在總部接受團體研習之後，被分發至分店研習（店面實習）時，初期教育的內容也必須一致。因為當員工未來教導其他 P/A 時，會將自己在訓練課程中（新訓、階段性訓練）所學習到的內容傳授給 P/A。

培訓人才的原則：
- **教育（Education）＝引發啟蒙**
- **導入（Orientation）＝給予方向**
- **訓練（Training）＝反覆練習**
- **啟發（Development）＝持續開發**

　　培訓人才時，務必把握循序漸進的原則。在入職前 3 天，以激勵員工的幹勁，進行新訓及初期教育為主。接著再培養員工正確的觀念及理念（公司的行動規範、行動原則）。在這個階段，必須透過反覆地練習問候與接待，讓員工迅速上手。藉由經驗的累積，使員工充分了解現場的應對與待客之道，逐漸培養服務精神，成為待客的第一把交椅。

前 3 天的新訓與初期教育，必須由店長負責。然而，若店長對新訓與初期教育缺乏正確的知識與技巧，甚至對工作缺乏熱情與認同的話，一切都只是浪費時間。店長的態度可能會使新錄取的「人才」無法成為「人財」，甚至淪為只是用來「充人數」的免洗員工。

　　經常有店長說：「找不到好人才」。的確，店長與面試官是否具備識人的眼光、面試技巧的優劣，將大大左右錄取員工的素質。然而，每間店鋪的應徵者程度其實一開始並無顯著的差異，重要的是，店長必須具備對工作抱持積極和認同的態度、對公司忠誠、對在地富有情感、對工作夥伴熱情等條件。若店長缺乏上述條件，應徵者就會對店長產生懷疑與不安，進而猶豫是否要在這間店工作，即使進來也會一下子就辭職。

　　新訓最重要的是「賦予員工動力」。「這間店真棒，不但很適合我，職場的氛圍也很好。最重要的是，店長對工作很有熱情。我一定可以在這裡有所成長，希望未來我也能成為像店長那樣的員工。好，我要從基礎開始一一學起，認真努力！」──重點就在於能否使新進員工這麼想。

P/A 徵人、錄取、培育流程表

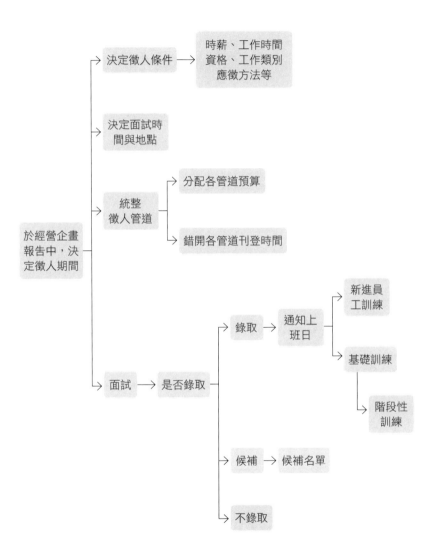

於經營企畫報告中，決定徵人期間

決定徵人條件 → 時薪、工作時間 資格、工作類別 應徵方法等

決定面試時間與地點

統整徵人管道 → 分配各管道預算
統整徵人管道 → 錯開各管道刊登時間

面試 → 是否錄取
→ 錄取 → 通知上班日 → 新進員工訓練
通知上班日 → 基礎訓練 → 階段性訓練
→ 候補 → 候補名單
→ 不錄取

© 清水均 2014

37

2-2 正確的新進員工訓練

　　本節所說明的新進員工訓練，是以 P/A 為預設對象。筆者將按下頁的「新進員工訓練之基礎教育課程」，依序說明新訓的實施方法。

1.「錄取登記表」之填寫與說明

　　「錄取登記表」（參見 46 頁）是公司內部人事管理所用的基本資料。進行面試時，可搭配此表格逐一確認口頭說明的內容，包括酬勞計算方式與支付日期、確認銀行戶頭、上班制服等借用物品之管理方法等，以及簡單說明公司內部的規則與基本規則。

　　此外，還必須確認緊急聯絡人的資料；若對方是學生，還要核對學生證。不管是錄取或離職，這張登記表皆可記錄相關資料，像是工作時薪、離職手續、借用物品的領取等項目。

新進員工訓練之基礎教育課程

西元　　　年　　　月　　　日
訓練員 _____

請依循此表進行新進員工訓練之基礎教育課程。
各項目結束後，訓練員與受訓者都要簽名或蓋章。

	教育內容	訓練員	受訓者	備註
1	「錄取登記表」之填寫與說明			
2	公司與業界最想要的「P/A人才」			傳達公司的經營與服務理念
3	說明公司的經營理念、信條			熱情述說經營理念與社會貢獻
4	說明公司沿革			
5	說明 QSC 標準：質量、服務、清潔			
6	說明內部規則與基本規矩			強調職場禮儀與團隊合作的重要性，並使其明白「以工作獲取報酬」的意義
7	說明排班制度、打卡方式			
8	店內環境介紹			尤其是客用洗手間、電話的位置
9	說明休息時間與注意事項			尤其是身著制服外出的注意事項
10	說明工作時使用洗手間與私人電話的注意事項			須以具體事例說明
11	說明上下班使用的出入口			帶 P/A 實地了解
12	主要員工、P/A 介紹			※要確實打招呼
13	不管是外場或內場，都要負責清潔工作			※也要向外場 P/A 確實說明
14	說明油炸機、烤盤等危險設備			
15	說明備品、消耗品的名稱			以經常使用的物品為主

訓練員感想

_____

_____

_____

資料來源：《如何使兼職員工、計時員工成為公司的戰力》（清水均著、商業界刊）

若已經確定錄取對方，被錄取者還需填寫「P/A 僱用契約書」（參見 53 頁）。此外，若對方工作時會接觸到高價商品、貴重物品而必須遵守保密義務，也要在這個階段先向對方說明，並簽訂「保密同意書」與「連帶保證書」（參見 52 頁）。

此外，因近年來外籍員工有持續增加的趨勢，若公司考慮積極錄取外籍員工，就必須明確規訂錄取的資格與條件，以及準備英文、西班牙文、中文等不同語言版本的契約書。

2. 公司與業界最想要的「P/A 人才」

在新訓的階段，訓練員可透過開放式問題，引導員工說出自己的意見。

比如說「你覺得顧客光臨店面時，最期待的是什麼？」、「說得很好！那麼你覺得顧客希望我們如何規畫賣場的陳列與提供何種服務？」等。接著以員工的答案為基礎，進一步說明公司與一般業界最想要的 P/A 人才。重要的是，必須配合對方的程度，以簡單易懂的方式舉例說明。

3. 說明公司的經營理念、信條

　　這一點特別重要。「經營理念」是指公司希望全體員工都能信守的判斷標準與價值觀。並且促使新進員工在接待顧客時，能夠透過商品組合、賣場規畫、接待服務等，具體落實公司的經營理念。此時，店長不妨用自己的話，熱情地描述曾經如何使顧客感到喜悅、對店鋪經營所投入的心力，以及在該區域推動發展上所扮演的角色。

4. 說明公司沿革

　　無論公司規模大小，說明公司的沿革歷史都很重要。當新進員工對公司的創立背景及隨著時代的變遷與發展有初步的了解，就能明白目前已有的商品與商品組合的變化，或是產業結構的轉型，進而對工作產生興趣。

　　如此一來，新進員工也會了解公司對顧客服務的改善、對品質的堅持等，進而更加認同公司的經營理念。透過上述事物，亦能構築共有價值觀的基礎。

　　說明公司的沿革歷史時，可佐以圖像或影片的方式呈現，例如報紙、業界刊物之類的報導，或是剛創業時的店面或當地建築的泛黃照片等，效果會更好。此外，若是長年經營的公司也可以在創業 30、50 週年之際，整理公司沿革、創業者與現任社長致詞等影像作為紀念。將這些影

像剪輯成約 10 分鐘的短片，在新訓時播放，也是很好的
選擇。

5. 說明 Ｑ Ｓ Ｃ 標準：質量、服務、清潔

「Ｑ Ｓ Ｃ 標準」，指的是：質量（Quality）、服務
（Service）、清潔（Clean）。原本是外食業用語，目前
普遍使用於大型便利商店、連鎖超市。Ｑ Ｓ Ｃ 甚至可以說
是零售業、服務業的成功精華。除了舉例說明 Ｑ Ｓ Ｃ 的概
念之外，店長也可以提出以下問題：「你覺得為什麼需要
Ｑ Ｓ Ｃ 呢？」「你在選擇店面時，最重視 Ｑ Ｓ Ｃ 中的哪個
元素？」等問題，促使新進員工思考並理解。

6. 說明內部規則與基本規則

在此要詳細說明內部規則，亦即公司的店內規則。諸
如上下班要主動問候、上班要提前 10 分鐘抵達、換制服
之後再打卡、下班打卡後再換掉制服、正確的洗手方法及
遲到或曠職的罰則、禁止攜帶貴重物品、制服等借用物品
的管理方法、汽機車停車場的使用規則等等。（參見
48、49 頁）

7~12. 從說明排班制度、打卡方式到主要員工、P/A介紹

建議分別說明「新進員工訓練之基礎教育課程」的第7、9、10、11 點之後，再次確認第 8 點的「店內環境介紹」。在說明第 8 點「店內環境介紹」時，同時也可以帶入第 12 點的「主要員工、P/A 介紹」。

在介紹員工時，要營造開朗歡樂的氛圍，才能讓新進員工盡早融入環境。

例如：「這是負責內場的鈴木，他擁有本店最燦爛的笑容」、「這是值得期待的新進員工山下，從今天開始上班，目前是大學二年級」、「接著請鈴木為我們說句話」、「山下也說句話吧」等，除了簡單的介紹與問候之外，也要讓雙方進行簡短的對話。這樣一來，雙方就會對彼此留下印象，使之後的溝通更加順暢。此時，也以可簡單說明賣場的商品或人力的配置、在倉庫作業或出入時的注意事項等。

13. 不管是外場或內場，都要負責清潔工作

此處以餐飲服務業為例。不管是哪個產業，都一定會有最基本卻最費時費力的「清潔工作」。比如說，超市必須整理大量的紙箱與廚餘，這些作業並不危險，所以第一天就可以指導新進員工，進行約 1～2 小時。這樣一來，新進員工就會覺得這是每位員工都要負責的工作。

如果在新進員工工作一週後才指導，新進員工可能就會以「那不是我的工作」拒絕，或是做得心不甘情不願。因此，只要在第一天就安排清潔工作，那麼即使之後再提出要求：「山下，麻煩你結束手邊的工作之後，和鈴木一起整理紙箱」，也不會引起員工的反彈。

14. 說明油炸機、烤盤等危險設備

比如說，「這台切片機不用時，一定要把插頭拔掉」、「因為油炸機的高溫會引起燙傷，所以千萬不要在機器附近奔跑」等，以具體事例說明危險設備。

15. 說明備品、消耗品的名稱

在這個項目中，除了說明工具、用具的名稱及用途，也要介紹專門用語給新進員工。切記一開始不要教太多，以免讓員工產生抗拒學習的心態。只要介紹約 5 項經常使用的物品名稱或業界用語即可。

說明各項內容時，都要像面試一樣，先「破冰」聊些輕鬆的話題，再進入主題，並隨時提出問題和員工互動，避免填鴨式的說明方式。若能配合對方的程度與步調，以具體實例介紹如何使顧客感到滿意，將更為有效。此外，說明過程若是比較冗長，不妨帶員工一邊熟悉店內環境，

一邊介紹，或是以肢體語言生動的示範招呼顧客的方法，避免使說明變得枯燥乏味。

　　第一天除了確認表上的項目，亦可搭配發聲練習，進行接待服務的基本用語與正確的問候方法、隨時為顧客服務待命等，訓練新進員工如何應對顧客。筆者將在Chapter6詳細介紹第二天、第三天的訓練內容。

　　透過新訓，使新進員工了解公司經營理念的基礎——也就是「共通的價值觀」，是一件很重要的事。店長的工作，就是在與顧客接觸時，將公司的經營理念，透過商品組合、接待服務等確實展現。

　　「顧客的喜悅，就是我的喜悅」只要在服務顧客的過程中，得到越來越多的「謝謝」、「感謝款待」的回饋，就能切身感受並理解共通的價值觀，進而產生共鳴、共享——而創造上述的契機，正是新進員工訓練的重點。

錄取登記表（P/A、正職員工）

店名	P/A 登錄 No.

※離職時以紅線刪除

酬勞支付方式	（匯款／現金）
銀行　　　分行	（活／支）No.

錄取日期　　　年　　　月　　　日
面度負責人　　　　　　　蓋章

	錄取登記時說明項目	
1	與家人（　　）聯絡，取得工作許可（　月　日）	
2	工作內容與排班制度（說明休息時間與遲到罰則、請假、打卡方式）	
3	酬勞計算方式（交通費、獎金等）	
4	制服等儀容（制服尺寸與保管方式）	
5	若不遵守規定，可能會遭到解聘。規定是指內部規則（尤其是上下班時的問候與交接）、持續實施 QSC 原則	
6	基本工作注意事項，包括臨時請假與聯絡方式	
7	錄取後 1 週內，店面會在進行新訓的同時，觀察新進員工是否適任，也請新進員工自行評估	

	正職員工	P/A
必備資料	履歷表	履歷表 保證書 學生證
	戶籍謄本	
	報稅資料	
	印鑑證明	
	保證書	
	年金簿	
	連帶保證書	
	照片 3 張	

姓名	性別	現居地
	男女	
年齡　　歲	TEL（　）	

出生年月日(西元)	戶籍地	戶長
年　　月　　日		

學歷	大學　　　學系　　　年級 在學中／畢業
	高中　　科　　　年級 在學中／畢業
	校　　科　　　年級 在學中／畢業

※緊急聯絡人

地址		關係	
姓名		TEL（　）	

學生證／身份證號碼

店面記錄	錄取日／首次排班日		月　　日	備註
	起薪			
	升遷記錄	新時薪	部門	
	1	年　月　日		
	2	年　月　日		
	3	年　月　日		
	4	年　月　日		
	5	年　月　日		
	6	年　月　日		

辭職日	離職原因
離職手續日	
最終酬勞已於　月　日匯款	店面物品已歸還
店面登錄 No.已刪除	總部登錄 No.已刪除
	總部受理人

內部規則

關於「內部規則」，筆者接著將在此介紹具體實例。對僱用大量 P/A 的產業來說，內部是指店內，而內部規則是不可或缺的。與其說是規則，不如說是員工適當的行動規範與行動標準更為貼切。接下來的具體實例，筆者將以「切忌」這種較為強硬的形式呈現。若是員工再三違反，就必須透過訓練要求員工思考為何必須這麼做，促使員工思考內部規則的必要性。

店鋪的 10 大內部規則

1. 身為專業人士，切忌違反職場內部規則

儘管 P/A 的工作時間較短，工作內容仍與一般員工相同。不管從是什麼樣的工作，都必須拿出專業的一面。而且身為公司的一分子，就必須遵守內部規則。

2. 切忌上班、下班、休息時，不向主管或前輩打招呼

工作，無非是為了獲取酬勞。但在工作場合中，仍必須主動問候主管、前輩與同事。在首重團隊合作的職場中是否能愉快工作，就取決於你的態度。

3. 切忌無故曠職、遲到

若是無故曠職或遲到，將造成當天工作所有員工的困擾。不僅會影響到清潔工作、開店準備等作業流程，也會引起顧客諸多怨言。

4. 切忌在打卡後才換上制服

一打卡就表示開始工作。因此打卡前必須遵守儀容等規則，做好開始工作的準備。相同的道理，休息或下班時也要穿著制服打卡。

5. 切忌上班時撥打或接聽私人電話

既然工作是為了賺錢，上班時就應該以工作為重，不能撥打私人電話。此外，除非親人臨時有急事，原則上也不能接聽私人電話。請等到休息或下班後再使用手機。

6. 切忌工作前、如廁後未洗手，即展開作業

　　超市、餐廳等地方在提供調理服務時，等於掌握著顧客的生命，所以工作時請做好衛生管理的基本工作——洗手，切忌掉以輕心。

7. 切忌擅自違反店內的工作守則、既定方法與程序

　　公司的工作守則往往是在累積各種嘗試之後所得出的最佳方法。當你對作業流程有疑問或另有想法時，建議先參考工作守則的內容。

8. 切忌在未完全明白主管指示的情況下作業

　　面對指示時，應該要大聲回應：「是！」接著確認作業內容。首次作業時，若有不明白之處，一定要立刻確認，切忌含糊帶過，以避免浪費彼此的時間。

9. 切忌因忙碌而忘記向主管回報工作進度

　　完成工作後，務必向主管回報。此外，必須以「是否正確完成」為報告重點。當你無法在時間內完成工作，或不清楚作業的方式時，都要向主管報告。

10. 切忌說主管與工作夥伴的壞話

　　每個人都有優點與缺點。如果你對其他人說夥伴的壞話，其他人就會認為你一定也會說他的壞話。這樣一來，其他人只會無法信任你。積極地肯定、傳達別人的優點，才能增加其別人對你的信賴。

2-3 觀察店長的 個人特質與工作態度

　　餐旅業最重要的是人才培育，以及階段性的教育訓練制度。

　　話雖如此，很多店長並不了解人才培育的第一步——新訓的重要性。即使了解其重要性，許多店面也會以沒有時間、人手不足等理由，而直接略過新訓的階段。然而，這樣缺乏體制的教育訓練，終將導致店面陷入「因新進員工閃辭而人手短缺」的惡性循環中。

　　而且如果不實施新訓，就等於是將寶貴的人才視為「只是充人數」。支撐待客業的乃是人，也就是第一線的員工，但是每個人的生長環境都不盡相同。一如古語云：「三歲看大，七歲看老」，年幼時的家庭環境、幼稚園和小學等學生時代認識的老師與朋友，以及累積的經歷，都會影響人的性格、特性、感性與獨創性，進而成為人的個

性與魅力。當然，對事物的看法、觀念與對人生與工作的價值觀也因人而異。因此，肯定及尊重每個人的個人特質與多元性的態度，在職場中是不可或缺的。

「有快樂的員工，才能創造出快樂的顧客」，而新訓就是創造出肯定、尊重多元性的職場環境的第一步。

新訓的目的在於賦予新進員工動力。當店長以熱情而且淺顯易懂的方式傳達經營理念與使命時，就能打動新進員工的心，讓員工對工作投入更多的熱情和心力。如果連店長自己都缺乏熱情，新進員工也會失去對工作的幹勁。新訓是店長鼓勵新進員工的關鍵所在，**因為店長的態度與熱情會直接影響到新進員工的穩定度。**

保密同意書

現居地：□□□-□□＿＿＿＿＿＿＿＿＿＿＿＿＿＿＿＿＿＿

電話：（　　　）＿＿＿＿＿＿　　戶籍地：＿＿＿＿＿＿＿＿＿

保證人姓名：＿＿＿＿＿＿　　出生年月日：西元　　　年　　月　　日

　　本人獲得錄取，成為＿＿＿＿＿店之（正職員工／兼職員工／計時員工）。本人保證往後將遵照公司的內部規則、指示與命令，致力於提升顧客滿意度，並以公司發展、個人成長為目標善盡職務。

　　若有違反，願受處分。如本人因蓄意或重大過失導致公司遭受損害，本人將與保證人共同負賠償責任，絕不造成公司困擾。

　　　　　　　　　　　　　　　　西元　　　年　　月　　日

　　　　　當事人姓名（本人親簽）＿＿＿＿＿＿蓋章

連帶保證書

　　本人願為上列當事人之連帶保證人。如當事人因蓄意或重大過失以致公司蒙受損害，本人將與當事人共同負賠償責任，絕不造成公司困擾。

　　西元　　年　　月　　日　　　與當事人之關係＿＿＿＿＿＿＿

現居地：□□□-□□＿＿＿＿＿＿＿＿＿＿＿＿＿＿＿＿＿＿

電話：（　　　）＿＿＿＿＿　　戶籍地：＿＿＿＿＿＿＿＿＿

保證人姓名：＿＿＿＿＿＿　　出生年月日：西元　　　年　　月　　日

　　　　　　　當事人姓名（本人親簽）＿＿＿＿＿＿蓋章

　　　　致＿＿＿＿＿＿公司　　＿＿＿＿＿＿負責人

P/A 僱用契約書

_____公司（以下簡稱「甲方」）與_____（以下簡稱「乙方」）締結此僱用契約書。

西元　　年　　月　　日

乙方現居地：□□□-□□ _____

乙方姓名（本人親簽）_____ 蓋章

僱用期間	年　月　日至　年　月　日					
工作地點						
工作內容						
工作時間	請提前一至二週確認班表。					
休息時間	採輪班制，視每日實際工作時間與忙碌情形調整後確認。 （用餐時間為　　分鐘）　　用餐／午餐‧晚餐					
工作日期	一　二　三　四　五　六　日　　　約　～　天 ※請提前一至二週確認班表。					
酬勞	時薪	本薪	每小時　元			合計時薪 　　元
		交通補助	每天　元			
		業務津貼	○○○津貼　元 ○○○津貼　元 ○○○津貼　元	每小時　元		
		職級津貼	訓練員津貼　元 多職津貼　元 值班津貼　元	合計每月津貼 　　元		職級
通勤方式						
備註	若乙方未成年，需一併提出「法定代理人同意書」。					

※為方便供讀者直接影印使用，全書表格幣值數字皆以台幣「元」顯示。

chapter **3**

消除新進員工的
孤立感與疏離感

3-1 70%的新進員工第一天就得上戰場

3-2 從第一天開始訓練新進員工

3-3 職場禮儀的關鍵在一開始

3-1 70%的新進員工第一天就得上戰場

😊 沒有人一開始就想要辭職

離職率集中於前 3 天的原因，並非只有上一章所說的——因第一天或之後未確實進行新訓的緣故。

根據一項針對大型連鎖店離職 P/A 的調查，結果顯示在眾多的辭職理由中，「店長什麼都不教我」占 70%、「人際關係」占 20%、「工作環境」占 5%。其中，因「人際關係」而離職的女性員工特別多。

沒有任何員工，是一進公司就想辭職的。從上述調查可歸納出兩大原因。首先是店長對於新進員工的初期教育與關注不夠充分。再者，員工之間的相處氣氛、對新人置之不理也是問題之一，會導致新人無法融入圈子而陷於孤立處境，甚至覺得自己無法繼續工作而閃辭。簡單說，問題就在於店長沒有帶頭照顧好新人。

這樣的店鋪大多缺乏明確的新人訓練制度。店長可能在稍微說明工作內容之後，就以為自己已經充分完成指導了，或者是僅請同時段工作的前輩指導，就直接讓新進員工站上第一線。在這種情況下，新人若能遇見親切指導的前輩就算是幸運的，然而這樣的幸運卻不常見。

正職員工、P/A 大多會在「第三天、第三個月、第三年」時想要辭職。相反的，若店長能夠確實執行新訓，包括初期教育與基礎訓練課程，而資深員工也能以親切而溫暖的態度迎接新人，那麼新進員工的穩定度將會大幅提升。

筆者將於 Chapter6 詳細說明包括到職前 3 天的初期教育與基礎訓練。在本章中，筆者將說明店長與資深員工面對新進員工時，應該如何應對，亦即待客訓練的「黃金法則」，以及新進員工必須培養的職場禮儀。

關於黃金法則

　　站在對方的立場思考：「如果換作是自己，會希望對方怎麼做呢？」並以此作為帶人管理的基準——我稱之為「黃金法則」。這是超越人種、性別與年齡，建立人與人之間良好溝通關係時所需的共通規則。接受新進員工的店長與資深員工應該遵守的黃金規則歸納如下。

新進員工前 3 天上班的黃金法則：

1. **向所有員工宣布店裡即將迎接新進員工**

比如說利用晨會等場合，向員工宣布新進員工的姓名、優點（開朗、笑容很棒等）與班表時段。

2. **要求員工記住新人的姓名**

特別叮嚀同時段的員工，將新進員工的姓名寫下來

3. **要求前輩在介紹店內環境時，對新進員工報以微笑、眼神接觸並主動問候**

「○○，你好！我是△△，請多多指教。」由前輩主動打招呼。

4. **店長必須負責前兩天的新訓包括初期教育與基礎訓練課程。**

由店長親自擔任新訓的指導工作，包括初期教育與基礎教育課程。

---

5. 除了店長，還要安排負責帶領新人的前輩，並事先告知雙方。

> 讓新人在有問題時可以請教前輩，或者在新人手邊工作告一段落時幫忙前輩工作。此制度稱為「學長姊制」，由學長和學姊確實進行教育訓練，一直到新人成為主力員工為止。尤其是前 3 天，務必要與新人一起工作。

6. 當新人提供協助時，前輩都要報以微笑、眼神接觸並確實道謝。

　　假設有一名高中生是第一次打工，而工作的地點就是他之前經常光顧的店家。請試著想像他第一天上班的心情。

　　想必他肯定是一方面覺得「好，今天開始要好好努力！」，另一方面卻又煩惱「我能做下去嗎？」。此外，他可能還會煩惱和同事處不處得來、自己能否勝任這份工作、店長是否很嚴厲、今天得做什麼樣的事、何時下班、如果第一天就犯錯該怎麼辦等等。在幹勁十足與忐忑不安交錯的心理狀態下，甚至連打卡都會感到非常緊張。

　　然而，當員工在同一個地方工作了好幾年，習慣每天都很忙碌的工作環境之後，就會在不知不覺間忘記新人時期的戰戰兢兢。

　　那麼，店長與資深員工應該如何帶領新進員工呢？基本上就是要以「黃金法則」為原則。

首先，在第一次見面時，就要以開朗爽快的態度，朝氣蓬勃地主動向新進員工打招呼。這是由北歐航空公司前總裁詹・卡爾森創造的「關鍵時刻」（Moments of truth，Mot）所延伸而來的。**「MOT」為接待顧客時的知名理論，意指顧客會以進入店面後的前 15 秒，來決定對這間店或公司的印象，而這個時刻決定了企業未來的成敗，因而被稱為「關鍵時刻」。**

　　若是第一印象太差，之後便很難改變。那麼，既然新人是要一起工作的新夥伴，前輩就更須以 MOT 為宗旨，迎接新人也要像迎接顧客一般，真誠地對新人說：「歡迎你加入！」

　　主管與訓練員更是必須牢記新進員工的姓名，並且直接叫出新人的名字。不管是日常問候或交辦工作，都必須面帶微笑，盡可能有更多的眼神接觸，這也是從事待客業的基礎要領。只要前輩以身作則，便能使新人漸入佳境。新人對於店面的 MOT 也會留下好印象，變得積極且樂於工作。筆者在前一章也曾經介紹過，如果在第一天帶新人認識店內環境時，全體員工皆專心致力於工作，就能確實提升新進員工對於該店的印象。

　　如果你是新進員工，你會希望主管如何指導你工作呢？主管要怎麼教，你才會覺得幹勁十足呢？另外，如果你是新進員工，你希望自己完成工作時，主管如何回應

呢？只要以黃金法則為原則，站在對方的立場稍微思考一下，就能找到答案。

基本上，主管應該以懇切的語氣說：「○○，你可以幫我～嗎？」、「如果你有空，可以協助我一起～嗎？」下達指示時，必須掌握對方的狀況，包括年齡、理解力與當時的身心狀況是否能應付。

此外，指派的工作內容與難易度，也要衡量新進員工的訓練程度、是否已具備類似經驗與技能來加以調整。

尚未習慣職場的新進員工，多半很難開口拒絕前輩的要求或直接表示：「我不會。」因此，身為前輩一定要主動向對方確認「我希望你協助我一起～，你之前有學過嗎？」、「我希望你幫我～，你之前有經驗嗎？」

店長也應該提醒新進員工：「我已經告訴其他員工你目前要做哪些工作了，不過到了尖峰時段，大家都會變得很忙，很可能會請你協助其他工作。到時候請告訴對方：『不好意思，我想店長應該有跟您提到，我還沒有學過○○』；而如果有哪些部分是你可以幫忙的，也請直接告訴對方：『我會○○，請儘管吩咐』。」

當新人順利完成工作時，前輩一定要說：「謝謝！你真是幫了大忙」、「謝謝！你好細心啊」、「謝謝！時間點抓得真好」等，務必確實使用「謝謝」來道謝。如此一來，不僅能讓新進員工能藉此獲得小小的自信，切身感受到自己被肯定，也能進而讓新人對身為職場一分子為自己感到驕傲。

3-2 從第一天開始 訓練新進員工

「訓練」（train）一詞乃自「列車」（train）發展而來。根據《GENIUS 英和辭典》的說明，「train」的解釋是從「長型的東西」、「列車」、「使～隨從」演變到「培養」。除了教育、訓練、鍛鍊、培養等意思外，還有將樹枝定形的含意。以「列車」的具體形象為概念來解釋的話，就是訓練員（火車頭或具備動力的引擎）

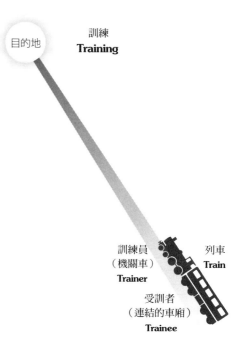

目的地

訓練
Training

訓練員
（機關車）
Trainer

列車
Train

受訓者
（連結的車廂）
Trainee

帶領尚未具備工作動力的新進員工，沿著軌道（既定的方法），將新進員工依序帶往目的地（既定的目標）──這正是訓練的示意圖。

新進員工訓練後的第一天，就如同此訓練示意圖，是最為重要的。在黃金法則中介紹的「學長姊制」，也就是由當天負責的前輩作為訓練負責人，帶領新進員工確實完成作業與服務。筆者稱此為「第一天的示範教學」。

以餐飲業為例，當訓練員為顧客點餐時，新進員工就要緊跟在後，觀察點餐的步驟（即使是第一次打工的高中生也是如此）。訓練員為傳達點餐內容而前往內場時，新進員工也要在旁待命。接著，在訓練員將完成的料理端上桌或為顧客添加茶水時，新進員工也要跟在後方觀察。當顧客結束用餐走向收銀台，由訓練員負責結帳時，新進員工也要站在不會造成顧客困擾的位置進行觀察。即使訓練員在著手清理餐畢的桌面，第一天上班的新進員工也只要默默地跟在後面觀察即可。

也許有經營者或店長會覺得此舉一點意義也沒有，只是浪費薪資成本而已。然而，即便是有經驗的人也不是一開始就能對店面服務、作業的步驟與做法上手，因此設法讓新進員工盡快熟悉是很重要的。店長也要向學長、學姊等當天負責的訓練員說明教學示範的重要性。當新人對工

作細節產生興趣或疑問，訓練員就要負責解說作業與服務
內容，回答之所以這麼做的理由。

　　原則上，為了避免造成顧客困擾，即使是整理餐桌、
添加茶水等服務，新進員工在「第一天的教學示範」時，
中都只需要從旁觀察即可。

　　只要新進員工多觀察幾次，就能掌握步驟、動作的重
點，接著產生「自己也想試試看」或「我也做得到」的念
頭。這樣一來，第二天開始的基礎教育課程也能順暢進
行。

3-3 職場禮儀 的關鍵在一開始

　　一如 Chapter 2-1、2-2 所述，前 3 天實施的新訓與初期教育，將決定新進員工的幹勁與工作態度。

　　在這三天中，新人必須學習店面營運安全管理、衛生管理與接待服務等基礎知識，培養身為公司一分子應該具備的禮儀與禮貌且符合公司理念（標準＝行動規範、行動原則）的基礎。

　　具體來說，在安全、衛生管理方面，最基本的就是正確洗手的清潔作業（維持整潔的狀態）、店鋪該有的整潔儀容及員工教養（包括訂定髮型、髮色、妝容與飾品的規範）、招呼客人的方法與發聲訓練等服務典範，以及員工之間的打招呼、接收指示時的回應、善後收拾、向主管報告等正確的工作習慣。

正式排班的前三天十分重要，新進員工必須藉由反覆的基礎學習、訓練與實習，培養身為公司一分子應該具備的工作態度。

在這三天裡，新進員工必須確實理解並徹底培養出基礎的職場禮儀（行為、禮貌）──這也是維持「有快樂的員工，才能創造快樂的顧客」的工作環境所必須的，而這也是**新進員工在這三天裡應該培養的工作準則。**

筆者將工作準則的重點歸納為「新進員工應該培養的職場 5 大禮儀」與「清潔 5S[5]」。此外，可以使用「基本規則確認表」（參見 69 頁）來確認新進員工是否符合工作準則。通常是每三～四個月由員工本人與主管填寫。

其實，不論是新進員工或資深 P/A，全體員工都應該定期檢核「基本規則確認表」。只要將此表視為溝通工具，在個別面談時與 chapter9 介紹的「諮詢清單」一同運用，更能維持的工作環境的氛圍。

5　5S管理，是日本企業常見的管理手法，包括：整理（seiri）、整頓
　　（seiton）、清掃（seisou）、清潔（seiketsu）、躾（shitsuke，意指教
　　養），由這五個日文開頭為 S 的單字所組成。

新進員工應該培養的 5 大職場禮儀

1. 自己主動問候，並且報以微笑與眼神接觸。

2. 受到委託時，大聲回應：「是」。

3. 脫下鞋子後，自己整理、收納至指定位置。

4. 垃圾與髒汙必須立刻「收拾、擦拭、清掃」。

5. 完整的作業模式是從準備用具開始，結束時務必
   將用具放回原本的位置。

從事前準備、實際作業到收拾，才是完整的「作業」		
事前準備	實際作業	收拾

清潔「5S」

1. **整理**：明確區分需要與不需要的物品，捨棄不需
   要的物品。

2. **整頓**：將需要的物品確實放置在方便拿取、顯眼
   的位置。

3. **清掃**：隨時打掃，維持乾淨。

4. **清潔**：維持整理、整頓、清潔的狀態。

5. **教養**：確實遵守既定事物並養成習慣。

清潔「5S」帶來的 3 項效果

1. 將提供顧客最棒的服務品質、商品價值。

2. 提供顧客舒適的購物、用餐空間。

3. 提供員工更好的工作環境及條件。

基本規則確認表

店名		西元　　　　年　　月　　　日	姓名			
項目	確認項目		確認者	本人	上司	
1.概要	是否理解公司的經營理念及口號？		ABCD	ABCD	ABCD	ABCD
	是否正確理解上司的指示與命令並加以實行？		ABCD	ABCD	ABCD	ABCD
	是否有盡量節約水電瓦斯等資源？		ABCD	ABCD	ABCD	ABCD
	工作結束或有意外狀況時，是否都能確實聯絡與報告？		ABCD	ABCD	ABCD	ABCD
	當店內發生損壞、故障等狀況，是否能進行修補或聯絡相關人員？		ABCD	ABCD	ABCD	ABCD
2.時間	是否有遲到、早退、缺勤等狀況？		ABCD	ABCD	ABCD	ABCD
	遲到、早退、缺勤時，是否有提前聯絡？		ABCD	ABCD	ABCD	ABCD
	出勤時間是否符合規定？（表訂10分鐘前）		ABCD	ABCD	ABCD	ABCD
	是否依照指示時間輪班用餐？		ABCD	ABCD	ABCD	ABCD
3.儀容	穿著是否符合公司規定？		ABCD	ABCD	ABCD	ABCD
	髮型或飾品是否符合公司規定？		ABCD	ABCD	ABCD	ABCD
	是否有確實配戴制服帽子？頭髮是否梳洗整齊？		ABCD	ABCD	ABCD	ABCD
	工作前是否有用肥皂洗手？指甲是否修剪合宜？		ABCD	ABCD	ABCD	ABCD
	名牌是否有配戴在左胸前？沒有配戴時是否有報備？		ABCD	ABCD	ABCD	ABCD
	鞋子是否符合穿著規定？是否把後跟踩扁當拖鞋穿？		ABCD	ABCD	ABCD	ABCD
4.招呼	出勤時會與同事們打招呼。		ABCD	ABCD	ABCD	ABCD
	拜託同事幫忙時，會說：「麻煩您了」。		ABCD	ABCD	ABCD	ABCD
	接受同事的請託時，會說：「好的，我明白了」。		ABCD	ABCD	ABCD	ABCD
	下班時會打招呼：「不好意思，我先走一步了」。		ABCD	ABCD	ABCD	ABCD
	會大聲地說：「歡迎光臨」、「謝謝您的光臨」。		ABCD	ABCD	ABCD	ABCD
5.態度	是否隨時注意店內情況，並且迅速應對各種狀況？		ABCD	ABCD	ABCD	ABCD
	不會在店內、服務站或櫃台等處大聲閒聊私事。		ABCD	ABCD	ABCD	ABCD
	是否常保精神奕奕的樣子，面帶微笑進行工作？		ABCD	ABCD	ABCD	ABCD
	不會在店內一邊叼著香煙，一邊移動或工作／會在規定的吸煙區內抽煙。		ABCD	ABCD	ABCD	ABCD
	不會擅自離開工作崗位。		ABCD (4 3 2 1)	ABCD (4 3 2 1)	ABCD (4 3 2 1)	
MEMO		合格分數				

chapter **4**

有快樂的員工
才能創造快樂的顧客

4-1 60%的人才因徵人啟事與電話應對而流失

4-2 電話將決定應徵者對公司的第一印象

4-3 改變對 P/A 的既定觀念

4-1 60%的人才因徵人啟事 與電話應對而流失

😊 展現店家特色的徵才文宣， 才能募集到合適的人才

　　企業在找人時，最重要的是徵人啟事的表現方式。能夠吸引大量應徵者的店家，多半都在徵人啟事下了一些工夫。有些徵人啟事就像在亂槍打鳥，姑且抱著有人上門應徵就好的心態，但通常在刊登廣告之後，效果並不顯著。未來必須如同狙擊手一般，精確瞄準適合公司的人才，以準確徵人才行。因此我們應該配合店面的形態，思考能夠確實吸引應徵者的文宣，將其呈現在徵人啟事上。

優秀的文案範例如下：

- 誠摯歡迎立志成為蔬菜專家的人！一起學習當季蔬菜與蔬菜產地的相關知識！
- 募集數名品味出眾的太太們，協助進口雜貨的進貨與陳列。
- 你喜歡紅酒嗎？一邊工作，一邊成為品酒大師！每個月都會舉辦品酒會！
- 誠徵婚禮規畫師！禮服租借、婚禮小物，並可學習歐洲刺繡、夏威夷拼布等手工藝。
- 誠徵烘焙咖啡館內場人員。對美味的堅持，是我們的用心！本店皆使用天然小麥粉製作的天然酵母麵包！
- 誠徵對美體或美甲沙龍有興趣者！歡迎一邊工作，一邊考證照！
- 誠徵內場助理！超道地的讚岐手打烏龍麵！
- 想和寵物一起快樂工作嗎？寵物散步／照顧／美容助理募集中！

只要深入挖掘公司的優點、工作的好處，這些獨特的文宣就能募集到合適的人才。

若店鋪真的沒有什麼特色，只要加上「你想要不一樣的生活嗎？所有員工都是參與創業的夥伴」、「一週 2 次、一天 2～3 小時，短時間兼職亦可」、「不定時舉辦各種活動，快來加入我們吧！」等句子，就能提升徵人啟事的吸引力。

為了募集員工，公司每年得支付相當程度的徵人費用。然而，所獲得的效益與花費的金額不成正比，實是不可否認的現狀。如果是講究經營概念與商品品質的熱門店家，可以製作 DM 或免費刊物宣傳店家及商品，在店面發送會很有效。此外，也可以在免費刊物中刊登「歡迎有興趣的人（含正職員工、P/A）與我們聯絡」的徵人啟事，而且確實有公司透過這個方法募集了許多應徵者。

免費刊物只需要刊登公司簡介、新商品介紹、正職員工與 P/A 的工作照片、前往葡萄酒或咖啡等產地觀摩（海外旅行尤佳）的內部研習花絮、堅持採用十分講究的蔬菜、特製火腿、香腸等食材或食譜，就能具備宛如情報誌般的價值，進而吸引消費者帶回家閱讀。這樣一來，徵人啟事的應徵率也會提升。

員工的朋友、顧客的朋友都可能是 P/A 的潛在應徵者，而且他們極有可能會透過員工或顧客，先行打聽店家的工作環境。當然，如果店鋪原本就有人際關係複雜等問題，那自然另當別論。一如上一章所述，「有快樂的員工，才能創造快樂的顧客」，顧客與其朋友成為開心的員工（夥伴）的機率很高。

小規模且缺乏特色的店面，可以擬定諸如「建立基金制度」、「定期舉辦員工海外旅行」等企畫。這樣一來，就可以在徵人啟事說明「工讀生募集中！員工每二年舉辦海外員工旅行，由公司負擔一半費用」，並刊登員工們在海灘上充滿笑容的合照。若是有員工無法參加旅行，則可領到一筆補償金。這就像是一筆臨時獎金，具有提升員工穩定度的效果。我們應該依照公司的型態與規模，與全體員工一同思考如何準確地徵才。

如果是連鎖店，可以提供 QR CODE，直接連結至公司的徵人網頁，具有不錯的效果。其次像是在店面出入口、收銀台附近張貼徵人海報、放置附上 QR CODE 的名片，索取十分方便。此外，在餐桌邊放置附 QR CODE 的 A4 尺寸徵人傳單（背面為履歷表）也很有效。若只有幾間店面，即使沒有附上 QR CODE，也可以運用電腦列印、彩色影印等方法，製作平面的徵人廣告單。

以研習、面試為例，像是「完整的培訓制度，無經驗可」。有些連鎖速食店還會刻意將面試改成「面談」，希望應徵者可以輕鬆看待。此外，有些上市公司會直接將公司特有的福利制度刊登在徵人啟事上：

> **「公司獨創的階段性培育制度」**
> 階段 1：從夥伴升職為領班，時薪 1055日圓以上
> 階段 2：升職為店長，年薪 540 萬日圓（A 級店長）

　　事實上，上述舉例的這間公司裡已經有超過 10 名以上的女性兼職員工升職為店長（正職員工）。一般來說，女性對於公司、店鋪較為忠誠，而待客業正是需要這樣的開朗和積極工作態度，因此女性兼職員工未來將更受重視。

4-2 電話將決定應徵者對公司的第一印象

在透過徵才啟事吸引到求職者上門後，接著就要來重新審視「電話的基本應對」。

當求職者主動打電話來應徵時，店內的應對若是稍有不妥，將會錯失許多錄取人才的機會。這是因為，一旦應徵者對雇主產生不良印象的話，就會對店內的人際關係與溝通產生疑慮，進而認定「我可不想在這種員工連一通電話都講不好的地方工作」。

儘管講電話時看不見對方，仍隨時都要保持開朗、有禮貌的態度，彷彿對方就站在自己的面前一般。

在電話中，必須以明確而且簡單易懂的方法，傳達以下 6 項重點。

1. 感謝對方前來應徵。
2. 詢問得知徵人訊息的管道。
3. 確認面試日期及時間。
4. 詢問應徵者的姓名與聯絡方式。
5. 確認應徵者使用的交通工具，並告知交通位置與店鋪入口。
6. 提醒應徵者攜帶履歷表。

　　以下用對話形式來示範電話應對的具體情況。在接到電話後，首先要說：

　　「謝謝您的來電，我是○○店的高橋」。

　　在得知對方是應徵者後，配合對方的語調與速度，以開朗的語氣詢問：

　　「謝謝您打電話來應徵。請問您是從哪裡得知徵人訊息的呢？」

　　確認應徵者的回答後再次道謝。接著詢問對方的姓名與聯絡方式，此時一定要複誦：

　　「方便留一下您的姓名與聯絡方式嗎？如果可以的話，請留手機號碼。」

　　「○○先生／小姐，手機號碼為 0937******。」

接著，協調面試時間：「我們的面試時間是週一至週五的下午 2 點到5 點和晚上 8 點到10 點，面試時間大概是 20 分鐘，請問您什麼時間比較方便呢？」

確定日期及時間後，接著詢問對方是否知道店面的位置。

「請問您之前有來過嗎？您會怎麼過來呢？」

「如果您是騎腳踏車或機車，本店後方設有停車場，歡迎使用。另外，請您直接從店門口進來就可以了。」

在說明開車、騎車的方向，或搭捷運、公車時最近的捷運站與公車站後，提醒對方攜帶歷表：

「請您帶著履歷表過來。請問還有什麼問題嗎？」

如果應徵者有問題，記得要有禮貌地回答。接著再次確認面試日期及時間。

「那麼我確認一下。面試時間是○○月 15 日星期三下午 3 點。期待您的到來。敝姓高橋，如果有任何臨時狀況，請來電與我們聯絡。」最後，再次向應徵者道謝：

「面試當天請小心路況。謝謝，再見。」

店長要在公告徵人啟事前幾天，就透過晨會或布告欄告知全體員工，準備好接聽應徵者的電話，並在收銀台、倉庫、電話附近，直接貼上徵人啟事的公告。應徵電話通常會集中於公告後的 3 天內，因此最好在上午、下午店長不在的時段，分別指派 2 名負責接聽應徵電話的員工。

4-3 改變對P/A的既定觀念

☺ 女性兼職員工的就業現況

根據日本總務省針對兼職員工進行的「勞動力調查」，2009 年日本僱用了兼職員工約 1431 萬人，約占僱用總數（5313 萬人）的 1/4。其中兼職員工約有 7 成為女性（961 萬人），而男性約 470 萬人。此外，擔任儲備幹部的兼職員工也有增加的傾向。

接著讓我們來看看目前兼職員工的主力──女性兼職員工的就業情況。透過 Aidem 人與工作研究所[6]（東京新宿）發表之「2012 年兼職員工報告書」中「兼職、計時員工的求職理由」（參見 83 頁），便能窺見一二。

儘管調查結果會因為受訪者是否有小孩而出現差異，

6　日本求職網站，包括工讀生、兼職員工、派遣、正職，屬綜合型人力公司。

但結果順序如下（可複選）：

1. 彈性選擇工作時間	62.7%
2. 想要兼顧工作與家庭	56.1%
3. 希望年薪不超過扶養免稅額	55.5%
4. 希望工作輕鬆	36.5%
5. 希望工作地點離家近	35.5%
6. 希望工作時數短	22.7%
7. 對這份工作有興趣	15.7%
8. 找不到正職工作	14.6%

從這份問卷調查可以看出，第 1 項「彈性選擇工作時間」、第 2 項「想要兼顧工作與家庭」的因素仍占有很高的比例。至於選擇第 3 項「希望年薪不超過扶養免稅額」的人，我們可以推測未來將因「調整配偶扣除額」、「鼓勵僱用女性」、「改善女性工作的勞動環境」等政策的推動而逐步減少。（代表工作時數不受限制的女性將會增加）

選擇第 4 項「希望工作輕鬆」的人，多半是因不想受到公司或工作束縛，才選擇成為兼職員工。在這之中，也有不少工作能力強且富有責任感的女性。然而，此類型的兼職員工，大多不喜歡負擔更多的責任或與他人競爭。如

果雇主可以提供 2～3 小時的兼職工作，只要強調這一點，就能大幅吸引選擇第 6 項的人前來應徵的可能性。

第 7 項的「對這份工作有興趣」十分值得注目，這表示展現企業獨特面的徵才文宣，確實能夠有效提升應徵者的人數。

根據下頁的圖表「各年齡別女性員工的勞動參與率」，從最上方 2011 年的曲線圖就能看出近 15 年來，25～40 歲的女性員工顯著增加。只要將圖表向右推算 5 年，就能推測出未來的 20 到 25 年間，將以 30～60 歲的女性員工為主要戰力。尤其是服務業、流通零售業等待客業，這個年齡層的女性員工更是不可或缺。另外，第 4 項的「希望工作輕鬆」等求職理由，筆者將在 chapter8-3「使女性兼職員工成為戰力的基本對策」（參見 167 頁）中詳細說明。

此外，只要一併觀察 chapter8 中兼職員工的「就職理由」調查（東京都產業勞動局，2001-2013 年），就可以看出兼職員工的就業理由不分男女年年皆有變化，而且主要是因應高齡化社會與價值觀的改變而變。

兼職、計時員工的求職理由（複選）

	1	2	3	4	5	6	7	8	9	10	11	12
	彈性選擇工作時間	想要兼顧工作與家庭	希望年薪不超過扶養免稅額	希望工作輕鬆	希望工作地點離家近	希望工作時數短	對這份工作有興趣	找不到正職工作	想要趕快開始工作	因家人（配偶或父母）反對	找不到派遣工作	其他
合計（%）	62.7	56.1	55.5	36.5	35.5	22.7	15.7	14.6	6.6	5.0	1.2	4.9
有孩子	62.9	62.1	53.9	34.0	37.9	24.5	15.8	15.5	7.0	4.1	1.5	4.4
沒有孩子	62.1	32.0	62.1	46.6	26.2	15.5	15.5	10.7	4.9	8.7	0.0	6.8

出處：Aidem 人與工作研究所《2012 年兼職員工報告書》

各年齡別女性員工的勞動參與率

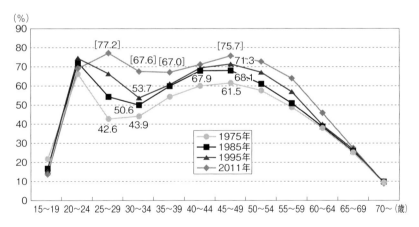

（註）勞動率：全名為勞動力參與率，指的是在 15 歲以上人口中有參與勞動的比率。此勞動力包含就業者與失業者。2011 年中括號中的比率是扣除日本岩手、宮城及福島等三縣後全國統計的結果。／資料來源：國土交通省（相當於台灣的交通部與建設部）就總務省（日本中央省廳之一）的「勞動力調查」所製作而成。

😊 計時工讀生的就業現況

　　專營求職網站「an」的 Intelligence[7]（東京千代田），以 15～25 歲的年輕人為對象，進行了一項計時員工的調查，內容包括「計時員工的印象調查」、「打工的目的」等，由此可觀察出年輕人對於各行各業的印象。

　　首先，在「工作很辛苦」的行業之中，由居酒屋店員、銷售店員高居第一名，而較受年輕人喜愛的咖啡廳員工、便利商店員工等，則排在前 3 名之外。事實上，這些行業都需要久站、多記、多做，都算是勞動型的工作。由此可見，大多數的年輕人並不了解各行各業的實際工作內容，而是以周遭親友的經驗或印象來做判斷。

　　此外，「打工的目的」的結果，如次頁下方圖表顯示，年輕人對於成為計時員工有「累積人生經驗」、「累積工作經驗」、「培養身為社會人士的禮儀」、「促進自我成長」等期待。這表示雖然年輕人對勞動型的工作感到排斥，卻也認為這些工作能夠使自己有所成長並累積經驗。

　　有人會因為時薪、工作時段、交通方式等，而認為居

7　主要業務為人才仲介、獵頭服務、人事勞務諮詢、人事培訓等。

酒屋、速食店、銷售員是「感覺很辛苦」的工作。直到實際成為計時員工後，才漸漸對工作產生興趣，進而了解自己的職場性格特質與可能性。其中，更有許多學生以接受培訓，成為管級階級者而努力學習著。

不論公司規模的大小，店長都必須具備領導魅力。只有店長對自己的工作引以為傲，熱心指導新訓與初期教育（身為社會人士的教養、公司內部規則等禮儀），才能打破計時員工對該行業的既定印象。

除此之外，也要注重團隊合作，樂於接受新進員工，讓新人在第一天就快速融入工作環境。在新人培訓的部分，則必須依照其個性、特質，設定階段性的訓練課程，藉此培養身為團隊一分子的責任感，以及未來扮演承擔重任的角色。

具體來說，包括讓新人參與展示會或活動企畫，達到使顧客感到喜悅，甚至超越原先的營業額目標等，體驗全體員工獲得同心協力的成就感。這正是「有快樂的員工，才能創造快樂的顧客」的真諦。如此一來，計時員工也能實現自己的目標與期許，也就是透過工作經驗，培養身為社會人士的禮儀，並且從人生經驗中獲得成長。

計時員工的印象調查

職種	第一名	第二名	第三名
事務職	女性員工較多	工作很辛苦	薪水不高
客服人員	女性員工較多	工作很辛苦	薪水不高
居酒屋店員	工作很辛苦	年輕員工較多	工作氣氛和諧
咖啡廳員工	時髦／帥氣	年輕員工較多	女性員工較多
速食店員工	年輕員工較多	工作很辛苦	薪水不高
銷售店員（家電、手機）	工作很辛苦	薪水不高	女性員工較多
便利商店店員	薪水不高	沒有經驗也能勝任	年輕員工較多
超市收銀員	沒有經驗也能勝任	工作很辛苦	薪水不高
宣傳或活動的工作人員	工作很辛苦	年輕員工較多	女性員工較多
警衛	工作很辛苦	工作很危險	薪水很高
遊樂場所的一般店員（卡啦OK、小鋼珠店、遊樂場）	工作很辛苦	工作很危險	年輕員工較多
補習班、家庭教師	薪水很高	工作很辛苦	年輕員工似乎很多
手工作業人員	工作很辛苦	不很清楚工作內容	沒有經驗也能勝任
製造業、搬家公司	工作很辛苦	薪水很高	年輕員工較多
醫療、照顧、社會福利中心	工作很辛苦	薪水很高	女性員工較多
理髮廳、美容院	時髦／帥氣	女性員工較多	工作很辛苦

出處：「年輕人的打工觀念與意識調查」（Intelligence（東京千代田），2012年）

打工的目的

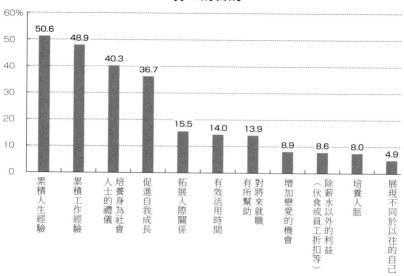

出處：「年輕人的打工觀念與意識調查」（Intelligence（東京千代田），2012）

以上二表皆是引用自 Intelligence 股份有限公司《an 報告書》（刊登於求職網站「an」，2012年）。

在實施階段性訓練課程時，除了店長之外，還必須指派一位擔任訓練員或熱心指導的前輩來照顧新人。就這點來說有個好處，就是計時員工能夠用參加同好會、社團的心態快樂地學習，當新人爾後成為訓練員或領導者，也能培育其他的新進員工。

而在 Chapter8 所提及的「肯定、鼓勵、誇獎」等技巧為基礎的待客訓練，正是需要具備培育制度的勞動環境的本質。此外，在這樣的環境中，也能滿足 P/A 個人的自我實現需求。

接下來，讓我們用理論來進行歸納。次頁的「對於工作的需求」，將以「馬斯洛的需求層次理論（Maslow's hierarchy of needs）」為基礎加以延伸說明。

美國心理學家 A. 馬斯洛（亞伯拉罕‧馬斯洛，Abraham Harold Maslow）認為「需求是人類行動的動力」。唯有在低階需求得到滿足後，人類才會想要階段性地滿足高階需求。左圖有「需求金字塔」之稱。

從最低階的「生理需求（食慾、睡眠等）」向上，依序為「安全需求（安全、安心而且穩定的生活）」、「社會需求（愛與歸屬的需求。希望身為社會的一分子，與其他人和樂共處）」、「尊重需求（希望獲得被人尊敬、尊重的地位）」，以及最高階的「自我實現需求（希望能活

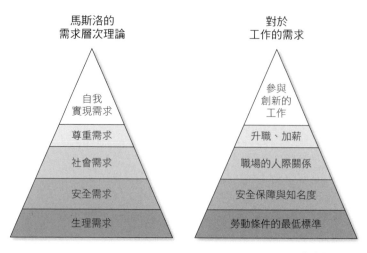

對於工作的需求

馬斯洛的 需求層次理論	對於 工作的需求
自我實現需求	參與創新的工作
尊重需求	升職、加薪
社會需求	職場的人際關係
安全需求	安全保障與知名度
生理需求	勞動條件的最低標準

© 清水均 2014

用自己的才能、資質與經驗等）」。

　　右圖則比照「馬斯洛的需求層次理論」，將「對於工作的需求」從低到高、按層次分成 5 個階段。最低階的「勞動條件的最低標準」，是指是否滿足了符合行情的酬勞（時薪）、勞動時間、每年公休與假日天數等基礎勞動條件。

　　再往上一階，若該公司擁有一定的「安全保障與知名度」，且具備良好的工作環境（店鋪或賣場），或能使員工充分發揮個人所長，則員工對於該公司（店鋪）就會產生安全感與穩定感。

接著是「職場的人際關係」，當人際關係良好，員工都能互相尊重，就能增加員工的自我認同感，並且對自己的工作產生榮譽感，進而追求能夠更受尊敬的地位，包括升職、加薪。最後，員工會以發揮個人能力「參與創新的工作」為目標，像是參與改善店內賣場與促銷企畫，或負責商品進貨、規畫販售區域等。

　　透過工作實現自我，並追求工作與生活達到平衡。無論是正職員工或 P/A，現在的求職者皆十分重視工作能否發揮自己的個性與特質、是否符合自己的生活風格，以及自己的職業適性。配合目前「一才難求」或「才不適所」的環境（公司），筆者將上述事項歸納為次頁的「P/A 的意識變化」。

P/A 的意識變化

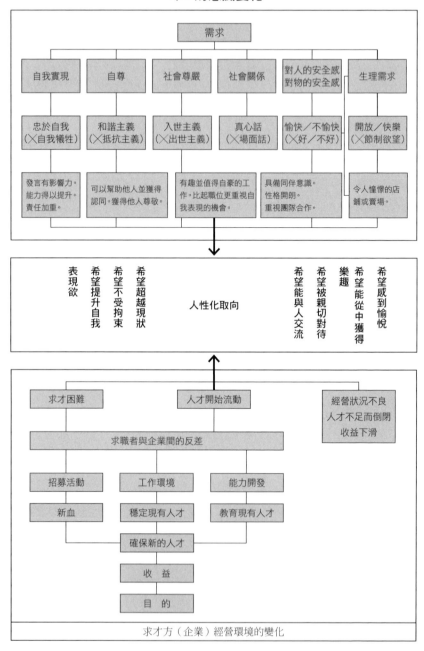

需求

自我實現	自尊	社會尊嚴	社會關係	對人的安全感 對物的安全感	生理需求
忠於自我 （×自我犧牲）	和諧主義 （×抵抗主義）	入世主義 （×出世主義）	真心話 （×場面話）	愉快／不愉快 （×好／不好）	開放／快樂 （×節制欲望）
發言有影響力。 能力得以提升。 責任加重。	可以幫助他人並獲得 認同。獲得他人尊敬。	有趣並值得自豪的工 作。比起職位更重視自 我表現的機會。	具備同伴意識。 性格開朗。 重視團隊合作。		令人憧憬的店 鋪或賣場。

人性化取向

表現欲　希望提升自我　希望不受拘束　希望超越現狀

希望能與人交流　希望被親切對待　希望能從中獲得樂趣　希望感到愉悅

求才困難　　人才開始流動　　經營狀況不良
人才不足而倒閉
收益下滑

求職者與企業間的反差

招募活動　　工作環境　　能力開發

新血　　穩定現有人才　　教育現有人才

確保新的人才

收　益

目　的

求才方（企業）經營環境的變化

chapter **5**

建立準則，
才能找到改善的方法

5-1　50%的店家缺乏標準化的服務、作業流程

5-2　工作守則＝將最佳方法標準化

5-3　「標準化、單純化、系統化」與「分工、分責、整體化」

50%的店家缺乏
標準化的服務、作業流程

😊 招呼客人的方法與其效用

　　右頁為標準的「招呼客人的方法」（應具備的態度）。背部挺直、雙手輕輕交疊在前方，維持背部挺直的相同站姿，接著以腰為主軸開始鞠躬。此時，視線要暫時停留在腳前 2 公尺處，呼吸一次後，緩緩地使上半身回到原本的位置。此時角度為 15°，算是一般的點頭招呼。

　　若是更為正式的問候，則必須以背部挺直的狀態正對顧客。正對是指站在顧客的正前方。男性以肚臍正對顧客、女性則以有「第 2 張臉」之稱的胸口，亦即頸部至胸前一帶正對顧客。接著，真誠地報以微笑與眼神接觸，歡迎顧客蒞臨。說了「歡迎光臨」後再開始鞠躬，將上半身傾斜至 45°左右，呼吸一次，再讓上半身回到原本的位置。

●招呼客人的方法

鞠躬時背部要挺直，僅壓低上半身。
動作維持一秒後再緩緩地抬起上半身。

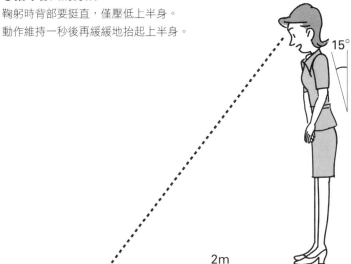

15°

2m

歡迎顧客蒞臨時，說「歡迎光臨」後，上
半身要前傾約 15 度，將視線落在腳前 2
公尺處。

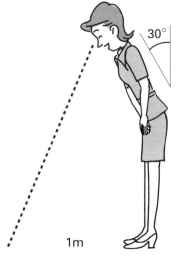

30°

1m

說「謝謝光臨」時，上半身向前傾 30 度
左右，將視線落在腳前 1 公尺處。

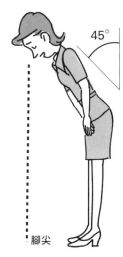

45°

腳尖

在向顧客道歉時，向下鞠躬約 45 度，將
視線落在自己的鞋子上。起身時要不徐不
緩。

這個敬禮亦稱為「語先後禮」（先說話再鞠躬）或「分離禮」（話語與動作分開）。

無論何時都要以相同站姿開始，手部姿勢不變，只需要改變低頭時視線的位置。視線停留在 1 公尺的前方、角度為 30°則是「敬禮」，大多使用於顧客離開時，並以充滿感謝的心情說：「謝謝光臨，歡迎再度光臨。」

若視線停留於腳尖而角度為 45°則是「最敬禮」，大多使用於道歉：「真的非常抱歉。」此時要留意，話語與動作必須同步。此外，「最敬禮」也會使用於接送特別貴賓。

「點頭」、「敬禮」、「最敬禮」等名稱雖然古老，但作為傳統日本禮儀的基礎仍傳承至今。到日本觀光的外國人將與日俱增，這些都是應該好好展現的日本式「款待」。

此外，招呼客人之前必須進行發聲練習。可以運用「發聲練習表」進行發聲訓練，並注意下列 3 項重點，一天 5 次，持續 2 週即可見效。

1. 強調嘴型一字一字確實分開發聲。
2. 發聲時要明確、宏亮且不拉長語尾。
3. 以腹式呼吸發聲（輕輕地將手放在小腹，吸氣時鼓起小腹，吐氣時小腹收縮）。

筆者以餐飲服務業為例，歸納了接待用語的重點與確認事項，請參閱下頁的「接待服務 8 大用語與使用方法」。只要反覆訓練這些重點，將使實際接待時的問候、遣詞用字更為自然。

　　上一章提到許多年輕人希望能透過打工，累積人生和工作經驗，並學習身為社會人士的禮儀，進而達到自我成長。待客業或服務業是隨時隨地都得面對各式各樣顧客的行業，所以在面試或新進員工訓練時，一定要告知新進員工，每天都得確實練習招呼客人的方法。因為這不但能應用於日常生活、人際交往中，透過在第一線服務客人的體驗所獲得的自信，也能在就職或大學入學考試等面試的場合使主考官留下好印象。進而發揮自己的待客之道與不斷磨練自身感性。透過階段性的教育及訓練與經驗的累積，日益熟悉個別應對，以及學習更高階的服務與客訴處理

發聲練習

A E I U E O A O　　　　　　Ha He Hi Fu He Ho Ha Ho
Ka Ke Ki Ku Ke Ko Ka Ko　Ma Me Mi Mu Me Mo Ma Mo
Sa Se Si Su Se So Sa So　Ya E I Yu E Yo Ya Yo
Ta Te Ti Tsu Te To Ta To　Ra Re Ri Ru Re Ro Ra Ro
Na Ne Ni Nu Ne No Na No　Wa We Wi U We Wo Wa Wo

※此表以日文母音「AEIOU」的發音基準。

接待服務 8 大用語及使用方法

接待用語	重點	注意事項
歡迎光臨	● 最基本的用語。要以正確的發音誠心地歡迎顧客。 ● 鞠躬時，背部挺直，慢慢將上半身往前彎。動作維持1秒後，再將上半身慢慢抬起。	● 注意要保持笑容。 ● 上半身向前傾 15 度，將視線落在腳前 2 公尺處。
好的。	● 為顧客點餐或請託時所使用的用語。 ● 用來確認顧客的需求，使顧客放心，並表示自己會負責處理。	● 除了接待顧客以外，也可以使用於日常工作中。 ● 注意語氣要和緩，發音要清楚。
請您稍等一下。	● 請顧客稍等時，要清楚且有禮貌地說：「請您稍等一下」，並點頭示意。 ● 常與上一句合併使用：「好的，請您稍等一下。」	● 代表會立刻處理顧客需求的意思。 ● 在接受點餐與請託時使用。
讓您久等了	● 就算等待的時間不多，只要有讓顧客等候，就一定要說這句話。	● 送上餐點時，為了不要讓顧客感覺像是例行公事，要在桌邊站定後再開口。
抱歉，打擾了。	● 當顧客入座之後，這個座位就屬於顧客的了。因此擺放餐具或整理桌面時，一定要說：「抱歉，打擾了」。 ● 此外，也可以用來提醒顧客。	● 擺放餐具時。 ● 放置餐點時。 ● 收走空盤時。 ● 提供茶或咖啡時。
非常抱歉。	● 當自己或是店方人員不小心造成顧客困擾時，要坦率地誠心道歉。 ● 道歉之後，除了要迅速處理善後，也要向上司報告情況。	● 打翻咖啡時。 ● 出餐太慢時。 ● 供餐錯誤時。
真是不好意思。	● 向顧客請求協助，或是當顧客主動幫助自己時使用。 ● 以「真是不好意思……」開頭，可以表現出自己的誠意。	● 有所請託時。 ● 對顧客自發性的行為表示感謝時。
謝謝光臨。	● 表達對顧客的感謝，並促使他們再度光顧重要的一句話。 ● 要誠心地感謝並恭送顧客。	● 當顧客要離開時。 ● 在收銀台恭送顧客離店時。

等。只要向 P/A 確實說明上述事項，P/A 就能體認到接待服務也是受益良多的人生經驗，確實提升 P/A 的工作動力。

☺ 服務、作業必須要建立準則＝應具備的態度

一如「招呼客人的方法」所述，所有的服務、作業都應該要有準則，亦即應該具備的態度。這是人才培育的明確目標，也是人事評鑑的標準。有了準則，就能夠準確發現問題。

問題在於應具備的態度與實際狀況的落差

計畫、基準、標準
應具備的態度

問題

現狀、實際情況
實施之後

© 清水均 2014

在接待守則中，服務應該具備的態度稱為「典範」[8]。此外，包括作業的工具或程序（使用方法）、完成程度的質與量，以及為此所需花費的適當時間（即標準時間），也可以稱為「典範」。特別的是，在日本「典範」亦指能劇與歌舞伎等傳統藝能，柔道、劍道與空手道等武術及茶道、花道各流派的禮儀與方法等。這種說法或許會有些地域性，然而使 T 型福特能夠大量生產的「福特主義」[9]，具體包括產品標準化、零組件的規格化、生產動作或操作標準化與生產線的科學管理化等制度，這無非也是一種「典範」。

　　筆者將於下一章詳細說明——訓練是指以接待守則中的「典範」為基礎，反覆訓練至熟悉。若將該典範銘記在心，即為一種「形」，進而能夠發揮屬於自己的待客之道。只要站在顧客的立場，實踐體貼的「用心」，就會是反映自身個性的「形」。**有多少服務，便有多少顧客。只有展現真誠的待客之道，才能匯集到更多的顧客。**

8　日文原文為「型」。一是指規範動作，例如：機械、工業製品的標準動作或流程；二是指傳統或習慣，包括武士道、傳統藝能、運動等各類型的典範動作。

9　是由美國亨利・福特創辦的福特汽車公司於 1908 年至 1927 年推出的一款汽車產品。T 型車以其低廉的價格使汽車成為一種實用工具，走入了尋常百姓之家，美國亦自此成為「車輪上的國度」。

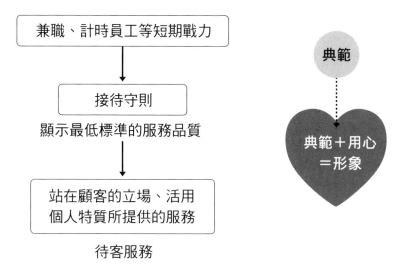

接待守則與待客服務

兼職、計時員工等短期戰力

↓

接待守則

顯示最低標準的服務品質

↓

站在顧客的立場、活用
個人特質所提供的服務

待客服務

典範

典範＋用心
＝形象

© 清水均 2014

5-2 工作守則＝將最佳方法標準化

工作守則，是指找出服務、作業的最佳做法，並使其標準化，也是每位員工都必須遵守的規則。尤其是在一開始 50～60 小時的教育訓練中，包括待客服務、清潔作業等「典範」，都必須反覆訓練，直到員工熟能生巧為止。

此外，作業時尤其重視「完成度」。具體而言，包括工作品質的判斷標準、作業分量與作業範圍的明確化，以及「標準時間」——從事前準備至完成作業的適當時間。（參見 68 頁）

切記，請勿從一開始就要求加快作業速度。首先，必須要確認新進員工是否能夠以正確的操作方法，完成標準作業程序。藉由反覆的練習，使其理解各項作業的目的。如果能保持幹勁，就能加快工作的速度，在標準時間內完成作業。為此，訓練員必須逐一確認新進員工的細部動作與執行方式。

接待亦是如此。**接待的基本要素為「態度、表情、招呼用語」3 項**。不只是要求依照接待守則完成動作，訓練員還要隨時留意新進員工是否符合這 3 項要素。

教育訓練時，為了維持新進員工的幹勁，訓練員的肯定、鼓勵和誇獎非常重要。訓練員要細心觀察新進員工的工作狀況，只要發現新進員工「很努力」或「程度稍微提升了」、「做得很好」，就要立刻誇獎。這就是待客訓練的基礎。

若新進員工未能受教時，訓練員必須重新檢視自己的指導方式、說明方式與示範方式。一如面對顧客的服務，給予新進員工的指導也要因人而異。必須透過觀察與對話，察覺、發現新進員工的專長、性格及興趣之外，還得配合對方改變指導方式與傳達方式，而非一視同仁。

訓練員與新進員工一同成長，乃是待客訓練的精髓。透過教育訓練，訓練者將會發現自己也有所成長。藉由指導其他人進而達到自我提升，不但對二度就業的婦女兼職員工在育兒、與配偶溝通方面有所助益，對工讀生而言，亦可累積大量的社會經驗。

店長必須針對訓練員進行訓練，盡可能讓訓練員自己去思考「如何與新進員工建立關係」，再給予指導。**配合部屬的成長，使部屬持續對工作抱持興趣──這是主管的責任。**藉此改善溝通，建立充滿「明亮、快樂、價值、交流」的團隊。這樣一來，就可以維持員工的工作動力，避免動不動就有員工離職。

　　只要改善團隊合作，就能創造優秀的團隊，繼而透過貼心的待客服務，提升顧客的滿意度。當顧客越來越常說「謝謝」，員工的成就感也會提升。這正是待客業的醍醐味，也是降低新進員工離職率所不可或缺的關鍵所在。因此，讓新進員工盡早體驗來自顧客與其他員工的「謝謝」非常重要。

5-3 「標準化、單純化、系統化」 與「分工、分責、整體化」

接著要談的是「標準化、單純化、系統化」與「分工、分責、整體化」兩種重要觀念，分別說明如下。

😊 「標準化、單純化、系統化」

- 「標準化」：首先找出接待、作業的最佳做法，使其標準化。此外，要確認員工是否依照工作守則，實踐作業與服務。
- 「單純化」：在進行「標準化」的接待、作業時，藉由簡化動作與工具的使用方法，採取對員工而言更容易理解、更容易進行的方法。
- 「系統化」：使全體員工遵循「標準化」與「單純化」的接待、作業，創造出能達成相同成果的機制。

「分工、分責、整體化」

- 「分工」：亦即工作分配。依照日期及時段，指派不同的負責人，分擔各項作業與服務。
- 「分責」：負責人必須分配勞務，以進行責任分配。
- 「整體化」：依照計畫實施「分工」與「分責」，確實經營店面。

本章一開始介紹的招呼客人正是標準化與單純化的實例。藉由將招呼客人的方法步驟化，新進員工只要透過反覆訓練，即可達到「應該具備的態度＝準則」。再者，將全體員工的問候方法系統化，可給予顧客仔細而且具有整體感的印象。

想像大學生、高中生參加的足球隊，就更能明白何謂「分工、分責、整體化」。11 名選手依照教練指示，堅守各自的位置──這是「分工」；而各選手確實扮演該位置的角色──則是「分責」。接著配合對方的攻守與足球的動向，各選手以得分為目標隨機應變，即為「整體化」。亦即教練等於店長，得分等於達成業績。

相反的，若是幼稚園小朋友的足球隊則完全無法符合「分工、分責、整體化」，因為全體員工只會追著足球跑。若是這種情況，店長該如何處理才好？首先，要確實

掌握每個員工的工作能力、判斷能力與性格，適材適所地進行分配，並且利用人事評鑑、隨時進行教育訓練，以達到分配角色，也就是分工與分責的效果。

「良好的團隊合作」這句話真正的含意是「適材適所地分派全體員工，透過眼神接觸等溝通，使全體員工同心協力。此外，全體員工都能確實扮演好自己的角色，並且互信互賴」。

然而，許多店長都誤以為「團隊合作」是指在某員工未確實發揮角色時，直接由其他員工替補。那麼當工作由該員工執行時，就無法落實分工、分責，導致全體員工陷入混亂。這樣就會造成客訴或顧客減少等問題。

為了掌握各員工的性格與技能，店長要在尊重本人意願的情況下，適材適所地分配角色（分派工作），且配合個別員工進行階段性的訓練課程，如此便能培養真正的團隊合作，打造良好的服務品質，甚至達成好業績。

標準化、單純化、系統化

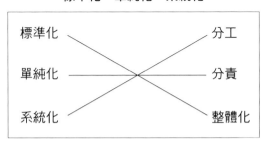

☺ 「每週清潔表」與其使用機制的建立

　　接著，筆者將以「標準化、單純化、系統化」與「分工、分責、整體化」的原則，介紹各行各業皆可運用的「每週清潔表」（次頁）、「清潔作業守則」（112頁）。

　　「每週清潔表」會列出各日期及時段必要的清潔與檢查工作，這些都是新進員工的訓練項目。訓練員只要使用「清潔作業守則」，訓練新進員工熟悉該日期及時段的作業即可。

　　換句話說，「每週清潔表」呈現了誰（＝Who）於何時（＝When）何處（＝Where）進行什麼（＝What）清潔與檢查的工作。此外，「清潔作業守則」也呈現了應該如何（＝How）清潔。訓練員只要在初次訓練時，向新進員工確實說明該作業的目的與理由（＝Why），新進員工就會在認同「5W1H」的情況下，進行清潔與檢查。只要明確傳達「分工、分責、整體化」的重要性，新進員工就會理解自己的角色並持續遵守。

_____店

時間	範　本		區域		大廳		
10:00～11:30	週一	週二	週三	週四	週五	週六	週日
停車場	✿						
用吸塵器清潔店內	✿						
補充服務台備品	✿						
補充茶水櫃台備品	✿						
確認洗手間	✿						
清潔樣品櫥窗	✿						
入口處玻璃窗	✿						
擦拭菜單	—	✿	—	—		—	—
茶水冷藏庫	✿	—	—	—		—	—
為植物澆水	—	✿	—	—		—	—
清潔椅腳	—	—	✿	—		—	—
清潔桌腳	—	—		✿		—	—
水洗玻璃窗	—	—	—	—	✿		—
將咖啡杯漂白殺菌	—	—	—	✿		—	—

「每週清潔表」的製作方法

■「每週清潔表」的製作方法

1. 選擇必需要清潔的部分，思考其優先順序並決定清潔的週期性。例如，每天進行、每週進行 1～3 次、每月進行 1～3 次。

2. 依照區域（位置）歸納上述作業，接著依照時段整理。一般來說，分成下列區域與時段。

	開店時	營業中 2～5 小時	打烊時
外場	○	○	○
內場		○	○
清洗處		○	○

（有些店面的內場包括清洗處）

3. 依照時段填寫「每週清潔表」較為方便，或是依照公司既定的優先順序填寫亦可。例如，先填寫區域，再填寫時段。

※時段設定尤其重要。

　　比如說 11：00 AM 開店，那麼早班要從 10：00 AM 開始作業，但這並不表示所有作業都必須在 10：00 AM～11：00 AM 完成，即使過了 11：00 AM 的開店時間，有些作業一直進行至中午的尖峰時段前也無妨。

　　此時可以將早上的時段設定為 10：00 AM～11：30 AM。同樣的，當店面 12：00 AM 打烊，有些作業必須等打烊之後再進行，有些作業若不會造成顧客困擾，提前進

行倒也無妨。因此打烊時段可以設定為 11：00 PM～12：30 AM。若打烊作業過於冗長，就應該重新檢視這個部分。

美國的餐飲服務業稱此為「預備打烊作業」（打烊事前工作），十分重視且合理實施。筆者雖然說明了開店、打烊的清潔時段，但一切仍必須「優先考慮顧客」，清潔時絕對不能造成顧客困擾。

4. 至於每天進行的清潔，建議將週一、週二、週三、週四、週五、週六、週日的欄位空著，而每週進行的部分則塗黑或畫線加以區分。

5. 可以連同清潔以外的檢查與補充一起填寫，會更省事十分方便。

（例）● 洗手間確認（檢查）　● 茶水櫃檯補充

　　　● 服務櫃檯補充

■「每週清潔表」的使用方法

建議將表格以大頭釘固定在軟木墊上。因為既然是每天都必須持續的登記作業，若是需要一一以鉛筆或原子筆註記或進行大量影印，就很容易因麻煩而半途而廢。即使一開始需要花費些許費用，只需移動大頭釘的做法還是簡單多了。

「持之以恆即成力量」，為此制度必須單純

1. 比如說今天是週一，現在要開店。那麼，所有大頭釘都會在週一的欄位裡（週一不需要作業的欄位，自然沒有大頭釘）。

2. 結束各式各樣的作業後（整理至一定程度），就將大頭釘移動至週二。店長與其他員工可以藉此了解作業已經完成。

3. 隔一天或數天才進行的作業，請將大頭釘移至下次作業的日期。

4. 每當作業結束，就移動大頭釘。

5. 若因故無法作業，大頭釘自然要留在原本的位置。遇到這種情形，下個時段的員工要在店長或值班主管的指示下，利用空閒時間進行作業，結束後再移動大頭釘。

6. 清潔用具與方法列於「清潔作業守則」中，說明，並從一開始就確實進行「在職訓練」（On the Job Training ，OJT）。

   ※上述項目皆為清潔 OJT 的項目。

清潔作業守則

區域	外圍環境	植物造景 花壇	大型玻璃窗	玻璃窗內側 小型玻璃窗 店門入口處 看板 展示櫃 鏡子	玄關地板 （磁磚，以及 沒有打蠟的塑 膠部份）	走道 （有打蠟的部 份）
濃度	稀釋清潔劑的方法依製造商而有所不同，請按照說明書指示進行。					
使用工具	畚箕 掃把	水管 畚箕 抹布	抹布 伸縮握桿 刮水器 一公升量杯 水桶	抹布	擰拖把器 拖把 一公升量杯 長柄刷	吸塵器 室內拖把
清潔方式	(1) 以掃把將每3～4公尺距離內的垃圾集成一落，再用畚箕盛起。 (2) 將垃圾倒入垃圾桶內。 (3) 桶內垃圾達七分滿時便綁好丟棄。	(1) 撿起垃圾。 (2) 澆水。（春夏時於傍晚每日一次，秋冬為三天一次。） (3) 將植物造景的燈罩噴上水霧，以乾燥的抹布擦拭。	(1) 將清潔劑稀釋20倍（500ml清潔劑兌10公升的水）。 (2) 以稀釋清潔劑將整面窗玻璃打溼。 (3) 用刮水器刮去水分。 (4) 每刮一次水都要用抹布將刮水器擦乾。 (5) 窗緣請用乾抹布擦拭。	(1) 從離窗戶15分處輕噴一到兩次清潔劑。 (2) 以抹布擦拭乾淨。	(1) 將垃圾掃起。 (2) 將清潔劑稀釋20倍（500ml清潔劑兌10公升的水）。 (3) 將拖把沾取清潔劑後確實擰乾。 (4) 先拖角落與四邊。 (5) 將中央部分的地板拖乾淨。	(1) 先用吸塵器。 (2) 再用室內拖把清理。
清潔頻率	每天一次	每天一次	每天一次	視情況而定 （一天一次以上）	視情況而定 （一天一次以上）	每天一次

清潔作業守則

區域	地毯的髒汙	店內桌椅 櫃檯 吧檯	店內桌椅 櫃檯、吧檯 電話機 收銀機	客桌調味料罐	化妝室	馬桶、小便斗
濃度	稀釋清潔劑的方法依製造商而有所不同，請按照說明書指示進行。					
使用工具	刷子 抹布	抹布	抹布	抹布海綿菜瓜布	橡膠手套 拖把 抹布	橡膠手套 馬桶刷 抹布
清潔方式	(1) 先輕噴一到兩次清潔劑。 (2) 用刷子清理。 (3) 再以擰乾的抹布吸取髒汙。	(1) 先輕噴尚未稀釋的清潔劑。 (2) 再以擰乾的抹布擦拭。 (3) 噴上家具用蠟，靜置一晚。 (4) 隔天早上以乾抹布擦拭。 (5) 用熱水清洗抹布，擰乾後再晾乾。	(1) 將抹布噴上清潔劑。 (2) 以抹布擦拭乾淨。	(1) 將內容物倒掉。 (2) 在水槽中清洗。 (3) 用清水沖洗乾淨。 (4) 倒置陰乾。 (5) 裝入調味料後放回桌面規定處。	(1) 在擰乾的抹布正反面，各噴兩次清潔劑。 (2) 用沾有清潔劑的抹布擦拭牆壁、洗手檯、門外側等處。 (3) 以噴上清潔劑的拖把或抹布清理地面。	(1) 便器內側噴上清潔劑。 (2) 用馬桶刷刷洗。 (3) 沖水。 (4) 在擰乾的抹布正反面，各噴兩次清潔劑。 (5) 以沾有清潔劑的抹布擦拭便器的外側。
清潔頻率	視情況而定	每天一次	視情況而定	視情況而定	視情況而定 （一天三次以上）	視情況而定 （一天三次以上）

chapter **6**

關鍵點就在
前 3 天的訓練流程

6-1　40%的新進員工在工作 3 天後離職

6-2　工作守則的本質應為「易用、易懂、易教」

6-3　階段性訓練課程的價值與觀念

6-1 40%的新進員工 在工作 3 天後離職

😊 前 3 天應該指導的事項

一如筆者在 chapter2 所列舉的實際數據，**一開始工作的前 3 天非常重要**——**將決定錄取的「人才」自覺「只是來充人數的」而辭職，或自視是備受重視的「人財」。**

排班前 3 天的新訓與初期教育，將決定他們的幹勁與工作態度。這 3 天是員工學習基礎及實習的時間，新進員工必須學習與店面運作相關的安全管理、衛生管理、接待服務等基礎知識，進而培養身為公司員工應該具備的態度，也就是公司的準則＝行動規範、行動原則。

具體而言，訓練內容包括招呼客人的方法、員工之間的打招呼、正確的洗手方式與整頓儀容等教養、接收指示時的回應、善後收拾、向主管報告等正確的工作習慣。

若能徹底執行上述事項，就可以循序漸進地引導出每個人的個性、感性與創造力。這樣一來，不僅能夠提升店內商品的品質管理，也可以改善個別應對與待客服務。

　　一如 chapter2 與 chapter3 所述，到職第一天必須實施3～4 小時的新訓。為此，店長要在通知錄取後的數天內，選擇店面較少顧客的日期及時段，請新進員工（確定錄取的員工）調整行程，以進行新訓。

　　此外，配合 chapter2-2「新進員工訓練之基礎教育課程」（39 頁），一同訓練「發聲練習」（95 頁）與「接待服務8大用語及使用方法」（96 頁）、「招呼客人的方法」（92 頁）。透過上述訓練，新進員工會對店面的工作產生興趣。若是計時員工，當其切身感受到在此店工作「能夠培養身為社會人士的經驗與禮儀」、「有益於謀職」則是再好不過。

　　新訓往往會以講課為主，不過只要佐以店內環境介紹、前述的實習訓練等可以活動身體的環節，新進員工不僅不會覺得枯燥乏味，也能適時地轉換心情。此外不妨一小時休息 1 次，並提供咖啡、罐裝果汁等飲料。只要店長展現輕鬆的一面與新進員工說笑，新人也會漸漸不再緊張，進而覺得「好期待在這裡工作」。

　　從第二天排班開始，就要依循 Chapter 6-3 介紹的各種訓練課程，進行階段性的教育訓練。

6-2 工作守則的本質 應為「易用、易懂、易教」

　　在進入訓練課程的說明之前，在此先說明作為指引的工作守則。

　　以大量展店為目標的公司，大多會製作工作守則。此時，通常是先參考同業其他公司的內容，節錄公司所需要的部分，再另行規畫。然而，結果往往不是敷衍了事，就是使用一週後就發現不適用而放棄。

　　工作守則不適用的主要原因是，整體並不符合公司的作業與服務內容，也缺乏運用守則的機制及持續運用的規則。簡單的說，就是缺乏完善的制度。

　　至於由經營高層命令公司優秀員工訂定的工作守則，則是大多難以執行。那是因為內容多半過於理想化，與第

一線的實際情況相差甚遠。不僅文字繁雜，更是艱澀難懂。

許多中小型企業都有著缺乏制度的問題。但其實，像是貼在倉庫、收銀台旁等處的作業流程或確認表也是一種工作守則，而且隨時可供員工參考，十分方便。

由於工作守則大多是基於急迫需求在短時間之內製作而成的，因此內容要簡潔有力，力求「**易用、易懂、易教**」為原則，而且還要貼在每個人都看得到的位置。比起繁複瑣碎的守則，這樣的守則公告，非常適用於第一線的服務現場。這正是工作守則的本質。守則原本具有「導覽、手冊、指引」等意義，內容與表現方式也必須要「易用、易懂、易教」。只要守則簡單易懂，就能發揮作為「指引」的真正價值，指導新進員工進行每天或每週重複的作業與服務。

上一章介紹的「每週清潔表」（107 頁）與「清潔作業守則」（112 頁），就是很好的例子。

階段性訓練課程的價值與觀念

　　購買汽車時,一定會附上使用手冊,以照片、圖片與文字說明包括駕駛時必須了解的操作方法、各種功能,以及問題發生時應該如何處理等。

　　那麼,是否只要閱讀了使用手冊,每個人就都會駕駛了呢?答案並非如此。為什麼?因為在日本駕駛前必須參加駕訓班課程——普通駕照包括術科 34 小時與學科 26 小時。此外,還要筆試、路考合格,才能取得駕照。

　　「階段性訓練課程」就像駕訓班教練依序指導的技能與學科。總時數最短為 60 小時起,也可以配合個人的程度與熟悉度,延長上課(教育訓練)時間。不僅如此,在學習階段還必須先學會道路駕駛,才能駕駛於一般公路或高速道路上,此時身旁必須有教練陪同。

從駕駛的實例可以得知，即使一下子就告訴新進員工工作守則的內容，新進員工也無法立刻在店裡工作。一如駕訓班的教練，訓練員必須依循訓練課程先對新進員工進行階段性訓練課程。

那麼，就以每個人都曾經身為顧客的餐飲業為例，來說明工作守則與訓練課程的重點。其他服務業只要掌握此處說明的重點，即可製作屬於自己的工作守則與訓練課程。

126 頁的「家庭餐廳的接待服務守則」，是從顧客蒞臨到結帳、離開店面，逐一列出守則。像這種依照服務顧客的流程而訂定的守則，通常較為簡單易懂。然而，一旦按照這種守則指導新進員工時，經常就會發生許多問題。比如說為客人帶位時，必須確認及觀察當時的客席，以及顧客人數、用餐目的與期望，以提供適切的座位。此外，為顧客點餐時，若是缺乏商品相關知識，就會無法因應顧客所提出的問題，也無法向顧客推薦活動與菜單。

只要參閱 128 頁的「接待服務的流程與階段性訓練」就能明白，「帶位」要在第 4 階段、「為顧客點餐」要在第 3 階段分別指導。簡單地說，就是除了一般的判斷與基礎知識以外，凡是需要更多責任、經驗與技術的服務，都必須在員工熟悉基本作業之後，才開始訓練。相反的，即

使不甚熟悉也可以提供的服務，則要在一開始的階段就加以指導。

在此介紹依循「接待服務的流程與階段性訓練」而製作的 129 頁「外食暨完整服務各階段訓練課程」至第 3 階段，而流通零售業可以參考 137 頁的訓練課程。

一如 chapter 6-1 的說明，到職第一天就要依循「新進員工訓練之基礎教育課程」（39 頁）實施新訓。儘管每間公司第一天實施新訓的時數不同，大多都會先行以下訓練內容：「發聲練習」（95 頁）、「接待服務8大用語及使用法」（96 頁）、「招呼客人的方法」（92 頁）。剩餘時間則實施「第一天的教學示範」（63 頁），要以讓新進員工習慣店面工作為優先考量。

「各階段訓練進行表」（129 頁）的第一天，指的是到職後開始排班的第二天。進行「外食暨完整服務各階段訓練課程」的「基礎階段」與「第一階段」。第一、第二天必須由店長親自負責，以透過初期紮實的教育訓練達到溝通的效果。由於店長必須與新進員工建立信任關係，掌握新進員工的個性、特性與潛能，進而藉此大幅改善前 3 天的離職率。

實際排班第 3 天起（各階段訓練的第 2 天）依照主要

時段選擇負責的訓練員。若未培養訓練員，則由店長事先說明當天的訓練課程、OJT 內容後，並指定當天最適合的員工，以學長姊制（56 頁）進行訓練。

　　各階段的訓練課程以一天 4～5 小時為主，皆分 3 階段進行。

1. 當日課程內容的「職外訓練」（OFFJT[10]）、在職訓練 （OJT）20～30 分鐘

當天訓練內容的說明、主要的 OJT，都應在倉庫或不使顧客困擾處進行。

2. 在店裡實際演練 OJT 3～4 小時

當天訓練內容的事前學習，要盡可能在尖峰時段 30 分鐘前開始，透過尖峰時段的體驗亦能提升程度。

※訓練員必須一對一進行 OJT

　導入 ⇒ 公告 ⇒ 適用 ⇒ 評價（參見 147 頁）

3. 複習當天的訓練內容　確認、評價與回饋 20～30 分鐘

　　回到倉庫後，依照訓練內容填寫各項目的執行日期。訓練員與新進員工相互確認是否有疑問，最後簽名。接著由訓練者在「評語」欄填寫結果。

---

10 「Off the Job Training」的縮寫。職外訓練，指在工作崗位的人進行教育訓練。

在當天訓練的各個項目框內畫上對角線，若新進員工表現合格再加上○。當天若有未加上○的項目，必須確實告知新進員工原因，於下次排班時再次進行進行訓練。

最後在「訓練員評語」處，填寫新進員工於當天訓練時展現的優點（肯定、鼓勵、誇獎），並具體說明需要再次訓練之處及其原因。各項訓練「評語」欄內的對角線，會隨著訓練天數而增加。建議第二天再次訓練時自相反方向畫上對角線，使其呈現×的圖案。若第二天的訓練員認為新進員工表現合格，則加上○。

此外，還有稱作「ILUO」主要應用在製造業的評價方法——包括自我評價，當各項目有所成長，就加上一槓。

「I」：訓練員已確實說明。
「L」：已確實理解內容。
「U」：已可獨力完成。
「O」：訓練員給予其表現合格之評價。

上述的評價內容皆為舉例說明。「ILUO」較適合階段性提升的訓練內容。美國的連鎖店經常使用此訓練課程的表格。好處是訓練員與新進員工必須針對訓練項目簽名確認「已確實指導／已確實接受指導」，訓練員與新進員工皆會產生必須負責的認知。

　　這些訓練課程的表格若以 130 頁的「個別基礎教育訓練確認表」為封面，依照新進員工製作個人檔案，保管起來更是方便。不僅店長能輕鬆確認訓練進度，即使每天的訓練員皆不同，也能確實交接。各階段備有紙上測驗，以確認新進員工是否確實理解各階段的重點。在此介紹「基礎階段」與「第一階段」的紙上測驗。

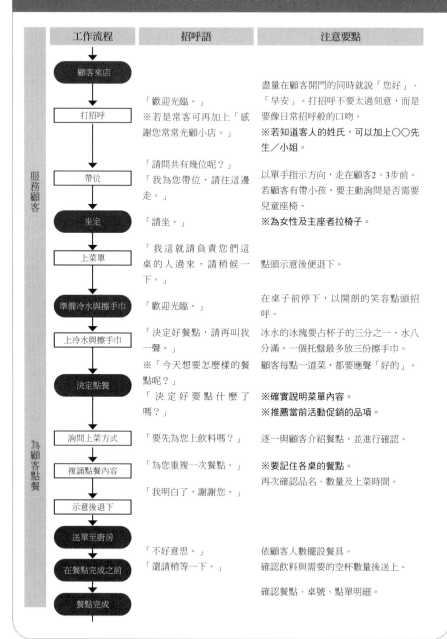

家庭餐廳的接待服務守則

工作流程	招呼語	注意要點
顧客來店		
打招呼	「歡迎光臨。」 ※若是常客可再加上「感謝您常常光顧小店。」	盡量在顧客開門的同時就說「您好」、「早安」。打招呼不要太過刻意，而是要像日常招呼般的口吻。 ※若知道客人的姓氏，可以加上○○先生／小姐。
帶位	「請問共有幾位呢？」 「我為您帶位，請往這邊走。」	以單手指示方向，走在顧客2、3步前。若顧客有帶小孩，要主動詢問是否需要兒童座椅。
坐定	「請坐。」	※為女性及主座者拉椅子。
上菜單	「我這就請負責您們這桌的人過來，請稍候一下。」	點頭示意後便退下。
準備冷水與擦手巾	「歡迎光臨。」	在桌子前停下，以開朗的笑容點頭招呼。
上冷水與擦手巾	「決定好餐點，請再叫我一聲。」 ※「今天想要怎麼樣的餐點呢？」	冰水的冰塊要占杯子的三分之一，水八分滿。一個托盤最多放三份擦手巾。顧客每點一道菜，都要應聲「好的」。
決定點餐	「決定好要點什麼了嗎？」	※確實說明菜單內容。 ※推薦當前活動促銷的品項。
詢問上菜方式	「要先為您上飲料嗎？」	逐一與顧客介紹餐點，並進行確認。
複誦點餐內容	「為您重複一次餐點。」 「我明白了，謝謝您。」	※要記住各桌的餐點。 再次確認品名、數量及上菜時間。
示意後退下		
送單至廚房		
在餐點完成之前	「不好意思。」 「還請稍等一下。」	依顧客人數擺設餐具。 確認飲料與需要的空杯數量後送上。
餐點完成		確認餐點、桌號、點單明細。

服務顧客 ・ 為顧客點餐

家庭餐廳的接待服務守則

工作流程	招呼語	注意要點
	「讓您久等了。」	停在桌邊，微微點頭示意。
	「請問點○○的是哪一位？」	與顧客逐一確認品項，並細地放下餐點。
出餐上菜	※「這份是○○。」	
	「餐點都為您上齊了嗎？」	※要將正確的餐點送到客人面前。
用餐中	「請慢用」	要面帶笑容。
	「為您加個水。」	
至少到桌邊三次	「請問這邊還有需要嗎？」	為顧客補充茶水。
	「為您整理一下桌面喔。」	換上新的煙灰缸。 收走用完餐點的餐具。
	※「請問○○還合您的胃口嗎？」	※若有顧客點店內的推薦餐點，事後一定要詢問感想。
	※「本日推薦的○○您還喜歡嗎？」	
用餐完畢	「為您整理一下桌面喔。」	※若餐點剩了三分之一以上，要問「餐點是否不合您的胃口呢？」
將空盤與不用的餐具收走	「還有需要加點其他餐點嗎？」	確認點餐明細上是否有餐後飲料或甜點。 並將不用的餐盤收走
餐後確認餐點	「請慢用。」	※「接下來為您上○○。」
顧客準備離開	「謝謝。」	開朗地向顧客道謝。
收拾餐桌		將空盤、玻璃杯、銀製餐具、紙類等分類好收走。仔細地清理地面、椅子與桌面。確認調味料罐的餘量。
收銀檯結帳	「謝謝您的惠顧。」	接過點餐明細，合計金額。
	※「○○還合您的胃口嗎？」	※詢問料理與服務的評價。
	「收您○○元。」	在贈送免費或折扣餐券前，請先向顧客確認是否有需要。
	「這邊找您○○元，請確認一下。」	收取貨款時，不要立刻收進收銀機。
	※請問您們住在這附近嗎？	※簡單介紹餐廳的聚餐方案。視情況也可以向顧客索取名片。
	「非常感謝您們今天的光臨。歡迎下次再度光臨。」	熱誠地感謝客人，將送客人到門口並為客人開門。（視情況也可以送到店外。）

桌面整理

善後收拾

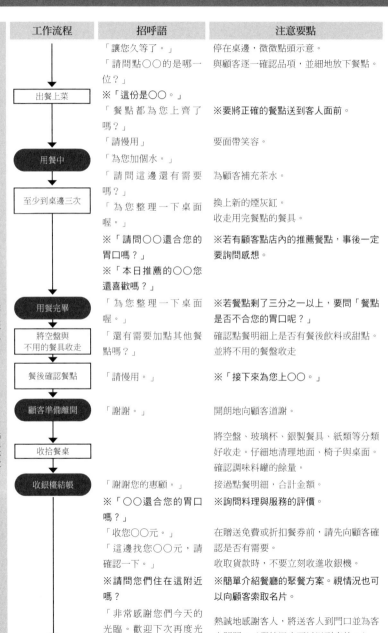

接待服務的流程與階段性訓練

顧客來店 → 顧客離店

帶位　服務顧客　為顧客點餐　送單至廚房　擺設餐具　出餐上菜　維持桌面整潔　補充茶水等服務　待顧客用餐完畢後，再整理桌面　結帳

各階段接待服務訓練

第一階段	服務顧客 為顧客補充茶水、維持桌面整潔等服務 待顧客用餐完畢後，再整理餐桌
第二階段	按序上菜 整理餐桌
第三階段	為顧客點餐 送單至廚房 擺設餐具
第四階段	帶位 結帳

© 清水均 2014

128

外食暨完整服務各階段訓練課程

原則上以一對一（訓練員與新進員工各一名）的形式進行 OJT。訓練員必須反覆指導，直到新進員工熟悉該項目。進行方式為：

1. 訓練員示範。

    ※說明為什麼要這麼做，以及強調這是最好的做法。

2. 由新進員工嘗試。

3. 修正新進員工的錯誤，並說明該處的重點與訣竅。

4. 由新進員工再次嘗試。

5. 當新進員工已熟悉該項目，則繼續進行下個題目，並誇獎新進員工的優點。若新進員工尚未熟悉，則回到步驟①，再次由訓練員示範。

    ※OJT 的重點在於反覆練習，以及訓練員必須適時誇獎新進員工。請一而再，再而三地重複，直到新進員工熟悉該項目。

各階段訓練進行表

第1天	基礎階段（4～6小時）
↓	第一階段
第2天	
↓	第一階段（一天至少4～6小時）
第5天	※教導清潔打掃的方法。
↓	
第6天	＊進行基礎階段、第一階段的筆試。
	第二階段（一天至少4～6小時）
第7天	＊進行清潔打掃方法的筆試。
↓	
第8天	＊進行第二階段的筆試。
↓	第三階段（一天至少4～6小時）
第10天	＊進行第三階段的筆試。
工作20天至1個月後	進行所有階段的綜合筆試。

※本表僅供參考。因個人狀況不同，各個階段也可以延長1～3天。但請勿再縮短訓練時間。第三階段結束後要實施操作收銀機、結帳訓練。

個別基礎教育訓練確認表

受訓者姓名	

訓練員 _____

基礎教育實施日期：　　　　　　　　　　西元　　　年　　　月　　　日

接待服務基礎訓練實施日期：　　　　　　西元　　　年　　　月　　　日

接待服務基礎訓練結束日期：　　　　　　西元　　　年　　　月　　　日

●筆試成績

基礎階段	第一階段	第二階段	店內清潔工作	第三階段

總分	最後測驗
分	

姓名

店長　　　　　　　　　　　　　　　簽章

●基礎階段與第一階段的訓練，請於同一天執行。　　　　　　基礎階段

		接待服務基礎訓練	日期	訓練員	受訓者	得分
基礎階段	1	觀賞「服務篇」的 DVD 並討論				
	2	說明從顧客入店到送客的流程				
	3	說明各階段訓練的流程				
	4	基礎階段：討論何謂「接待顧客」				
	5	基礎階段：待機姿勢 OJT				
	6	基礎階段：行走姿勢 OJT				
	7	基礎階段：行禮方法 OJT				
	8	基礎階段：「歡迎光臨」的發聲練習與行禮方法 OJT				
	9	基礎階段：「謝謝光臨」的發聲練習與行禮方法 OJT				
	10	基礎階段：「非常抱歉」的發聲練習與行禮方法 OJT				
	11	基礎階段：接待服務 8 大用語的發聲練習				
	12	基礎階段：「接待服務 8 大用語」，並且搭配聲音與動作 OJT				
	13	說明服務時動作要停頓 1 秒（stop the motion）的原因及原則				
	14	說明面帶笑容的重要性				
	15	再次觀賞「服務篇」的 DVD				
	16	討論「stop the motion 的重要性」				
	17	討論「面帶笑容的重要性」				
	18	讓受訓者抄寫桌號表，並在下次訓練前熟記位置圖				
	19	讓受訓者坐在客桌，觀察其他店員的動作（30 分鐘）				
	20	教導「店內規則」的目的與作用				

訓練員評語：
_____
_____
_____

外食暨完整服務　基礎階段測試

西元　　　年　　　月　　　日　　　　　　　　　筆試負責人

店名		姓名		得分	

1. ① 本店 _____ 的營業時間為上午 ___:___ 起至下午 ___:___ 為止。
   最後點餐時間為下午 ___:___ 。
   ② 本公司的董事長為 _____ 。
   ③ 外場負責人為 _____ （店長）。
   ④ 廚房負責人為 _____ （主廚）。

2. 請寫下本公司的座右銘（經營理念、信條等）：

   _____

   _____

   _____

3. ① 當顧客詢問洗手間位置時，你會如何引導他？

   _____

   _____

   _____

   ② 當顧客詢問是否可以抽煙時，你會如何回答？

   _____

   _____

   _____

4. 請寫下你自己在工作時最注重的事情。

   _____

   _____

   _____

5. 請寫下開始這份工作後，讓你最開心或最值得的事情。

   _____

   _____

   _____

   _____

第一階段

		接待服務基礎訓練	日期	訓練員	受訓者	得分
服務顧客	1	說明服務顧客的要點				
	2	OJT：拿托盤的方法				
	3	OJT：紙巾的折疊與擺置方法				
	4	OJT：放置菜單的方法				
	5	OJT：上冷水與其他服務的方法（水、冰的份量、持玻璃杯的位置與擺置方法）				
	6	OJT：上擦手巾的方法（可因店鋪性質省略）				
中間服務	7	OJT：用餐途中服務的方法				
	8	OJT：添加茶水的方法（水壺與水杯的拿法等）				
	9	OJT：提供免費咖啡的方法（可因店鋪性質省略）				
	10	OJT：更換煙灰缸的方法（當煙蒂達＿＿根時就要換新的）				
	11	進行各項動作前都要先說「打擾一下」				
	12	當顧客幫忙自己時，要說：「謝謝，不好意思」				
善後收拾	13	說明整理餐桌的方法				
	14	OJT：擦桌子的方法				
	15	OJT：收拾空盤與處理不用餐點的方法				
	16	OJT：擦椅子的方法（使用專用紙巾）				
	17	OJT：三階段整理餐桌的方法				
	18	說明三階段整理餐桌方法的優點				
	19	說明處理顧客失物的方法				
	20	讓受訓者再次觀賞「服務篇」的 DVD				

訓練員評語：
_____
_____
_____

外食暨完整服務　基礎階段測驗

西元　　　年　　　月　　　日　　　　　　　　　　　　　　　　筆試負責人

店名		姓名		得分	

- 當顧客入店時，一定要說「①⎡　　　　⎤」，同時將背部打直，視線由對方臉上落至自己的腳前 ②⎡　　　⎤ 公尺處，並且面帶微笑點頭示意。當聽到其他店員說「歡迎光臨」時，自己也要跟著用 ③⎡　　　⎤ 的聲音說「④⎡　　　⎤」。

- 與顧客行禮時，要在腦中數 1、2，同時將 ⑤⎡　　　⎤。動作維持 1 秒後，再緩緩地 ⑥⎡　　　⎤。

- 當顧客離店說「⑦⎡　　　⎤」時，上半身向前傾 30 度左右，將視線落在腳前 ⑧⎡　　　⎤ 公尺處。要抱持著 ⑨⎡　　　⎤ 的心情誠心行禮。

- 服務顧客的重點在於，要在桌前稍稍 ⑩⎡　　　⎤ 1 秒，注視顧客的眼睛，面帶開朗的 ⑪⎡　　　⎤ 說：「抱歉，打擾了」並點頭示意，再開始其他動作。這個行動稱為 ⑫⎡　　　⎤，也是讓人感受到你的服務更為 ⑬⎡　　　⎤ 的訣竅。

- 接著要遞菜單給客人時，務必要將菜單放置在客人的 ⑭⎡　　　⎤。為客人倒水時，要注意不能用手拿捏客人喝水時 ⑮⎡　　　⎤ 會接觸到的位置。⑯⎡　　　⎤ 地將水杯擺放至桌上的既定位置。⑰⎡　　　⎤ 也要放到桌上的既定位置。

- 最後兩腳併攏，⑱⎡　　　⎤ 地點頭示意，離開客桌。

（解答）
①歡迎光臨　②2　③清晰宏亮　④歡迎光臨　⑤上半身往前彎　⑥抬起上半身　⑦謝謝光臨　⑧1　⑨感謝　⑩停頓　⑪笑容　⑫stop the motion　⑬主動而周到　⑭正前方　⑮嘴巴　⑯輕輕　⑰擦手巾　⑱確實

※此測驗內容可利用公司內即有的工作守則，將重要部份去除填空，就能立刻實施。

© 清水均 2014

第二階段

		接待服務基礎訓練	日期	訓練員	受訓者	得分
複習	1	進行「基礎階段」的筆試（15 分鐘） 評分並解說要點				
	2	進行「第一階段」的筆試（15 分鐘）				
	3	評分「第一階段」的筆試並解說要點				
	4	讓受訓者觀看「服務篇」的 DVD				
	5	OJT：複習第一階段的內容（動作與用語）				
出餐上菜	6	說明第二階段的內容				
	7	說明上菜與飲料時的注意事項： ・以餐點為優先 ・熱菜要趁熱送，冷盤冷飲要保持冰涼				
	8	OJT：出餐的方法：左手三盤、右手一盤				
	9	OJT：持餐點行走的方法				
	10	上菜時應注意的要點： ・手指的位置（手指頭不能碰到食物） ・配合座位的餐點擺設				
	11	OJT：上菜時要先說：「讓您久等了」				
	12	利用圖或照片說明人氣餐點內容（10 道左右）與 其擺盤方式				
	13	確認受訓者記住各桌桌號位置				
	14	OJT：指導上菜方法 「讓您久等了，這道是○○。」				
	15	說明牛排熟度的方法。（可依店鋪的性質省略）				
用餐中整理桌面	16	說明用餐中整理桌面的要點				
	17	說明用餐中整理桌面的時機、可先收走的東西、 要留在桌面上的東西				
	18	OJT：收拾餐桌時，盤中剩菜的整理方式				
	19	說明要說「小心！後面有人喔」的原因與時機				
	20	說明主要餐點的內容與擺盤方式（第 12 項以外）				

訓練員評語：
_____
_____
_____

第三階段

		接待服務基礎訓練	日期	訓練員	受訓者	得分
複習	1	進行「第二階段」的筆試（15分鐘）。				
	2	評分「第二階段」的筆試並解說要點。				
	3	讓受訓者觀看「服務篇」的DVD。				
	4	OJT：複習基本與第二階段的用語及動作				
為顧客點餐	5	說明第三階段的內容				
	6	OJT：登記點菜單的方法				
	7	OJT：人氣餐點的內容說明				
	8	OJT：不同類型餐點的餐具設置及擺盤方法				
	9	說明為顧客點餐的時機				
	10	OJT：為顧客點餐與登記點菜單的方法（複誦內容、既定用詞）要觀察客人的眼神變化及視線				
	11	OJT：「為顧客點餐」與填寫點菜單的方法（飲料單前後）				
	12	OJT：說明牛排熟度的方法。（可依店鋪的性質省略）				
送單至廚房	13	說明送單至廚房的用語及方法				
	14	OJT：實習送單至廚房的內容與方法				
	15	OJT：實習「為顧客點餐」與「送單至廚房」的流程				
設置餐具	16	設置餐具應注意的事項：．銀製餐具是否髒汙　．擺盤方法				
	17	OJT：實習調整餐具的方法：．用語　．擺設方法				
	18	OJ：實習「為顧客點餐」、「送單至廚房」與擺設餐具的流程				
最後	19	OJT：實習從迎接客人、服務顧客、禮貌送客至整理餐桌的流程				
	20	進行「第三階段」的測驗並評分、說明				

訓練員評語：

流通零售業各階段訓練課程

<table>
<tr><td></td><td></td><td></td><td></td><td>店
長</td><td></td></tr>
</table>

	訓練主題與要點	日期	訓練員	受訓者	得分
1	OJT：讓說話清楚的發聲方法				
2	討論「傾聽客人需求」的重要性及要點				
3	說明不適當的談話內容與詞彙，並討論原因				
4	討論不可與顧客爭論的原因				
5	OJT：以親切、易懂的方式解說熱銷商品				
6	OJT：掌握店內的商品分類，以及尋找特定商品的方法				
7	OJT：迅速整理商品的方法				
8	OJT：基本包裝方法				
9	OJT：說明各式禮物包裝的緞帶繫法				
10	OJT：說明各式禮品贈條的分類及包裝方式				
11	OJT：整理倉庫商品的方法、掌握主要品項庫存的方法				
12	說明如何分辨散客偏好的商品類型				
13	OJT：展示熱銷商品的訣竅與說明商品賣點的方法				
14	OJT：詢問顧客的喜好或興趣，進而找到其需求商品的方法				
15	OJT：商品缺貨時的應對方法				
16	OJT：商品到貨的通知方法				
17	OJT：換貨的應對方式及各項注意事項				
18	OJT：如何應對退貨及各項注意事項				
19	OJT：面對顧客時，坦率承認失誤的必要性				
20	OJT：防止偷竊的各項要點及發現竊賊時的處理方法				

訓練員評語：
_____
_____
_____

收銀台操作、結帳訓練課程

	訓練主題與要點	日期	訓練員	受訓者	得分
1	說明收銀機的機型與各項功能				
2	說明主要按鍵與基本操作方式				
3	鑰匙的保管方法與重要按鍵的使用注意事項				
4	說明判斷收銀類別的方法				
5	處理現金的各項基本須知				
6	OJT：販售物品時，收銀機的操作方法、處理現金的流程				
7	OJT：實習收銀機的操作方式。在受訓者執行動作時，訓練人可以口號加強其印象，以熟悉處理現金的流程				
8	說明各幣別的保管方式與零錢不足時的應對方法				
9	OJT：實習處理高額紙鈔				
10	OJT：說明確認找零的方式				
11	OJT：發票用紙的補充與保管				
12	OJT：輸入錯誤時的處理方法				
13	OJT：說明收據的撰寫方式				
14	OJT：使用信用卡與儲值卡的結帳方法				
15	說明各種折價券一覽表（實際處理時請前輩指導）				
16	OJT：說明檢查收銀機的方法				
17	說明開店、營業中檢查、打烊時的例行業務				
18	說明準備零錢的方式與存入零錢的方法				
19	應對客訴的方法（請店長或代理人到場）				
20	收銀機故障時的應對方法（使用計算機、保管現金與結帳明細）				

店長

訓練員評語：

_____

_____

_____

流通零售業檢品訓練課程

	訓練主題與要點	日期	訓練員	受訓者	得分
1	說明確認進貨單、商品與廠商出貨單的重要性				
2	說明各進貨廠商與交易品項				
3	說明進貨單的各項要點				
4	OJT：核對進貨單與出貨單，是否與實際進貨量符合				
5	說明各項出貨單的條列方式，以及品名、單價、單位、金額結算等是否正確				
6	OJT：確認進貨商品在運輸途中是否有破損或變質				
7	OJT：確認廠商名稱、商品尺寸、顏色、品質、數量				
8	若為食材，要確認新鮮、熟成度以及生產良率[11]				
9	OJT：確認包裝是否有污損及製造日期				
10	確認廠商交貨的時間、地點、交貨方式				
11	當發現品項短缺、瑕疵品或數量不足時，如何向上司報告及處理的方法				
12	和業者打招呼‧在收據上簽章的方法				
13	說明店內的商品分類、保管方式、保存注意事項				
14	OJT：說明不同品項的保管地點、保管方法				
15	說明先進先出[12]、固定位置管理等原則				
16	若為食材，則要講解溫度空管及保存的優先順位				
17	OJT：說明處理及保管廠商出貨單的方法				
18	OJT：說明退貨的注意事項及處理方法				

訓練員評語：

11 生產良率（yield rate），是生產線上的重要關鍵，將決定成本、售價與獲利結構。提高良率，是產品競爭力及獲利的關鍵。

12 以先購入的存貨先發出的存貨實物流轉假設為前提，對發出存貨進行計價的一種方法。

chapter **7**

正確進行
「在職訓練」的方法

7-1 30%的店長未正確進行「在職訓練」（OJT）

7-2 「訓練員培訓制度」的重要性

7-3 強化服務品質的 3 項策略

7-1 30%的店長未正確進行「在職訓練」（OJT）

😊 如何落實 OJT？培訓者的準備與正確心態？

在前面的章節中，詳細介紹了必須在前兩天完成的教育訓練，從新訓、第一天的教學示範（參見 63 頁）、初期教育與基礎訓練，其中更包括發聲練習、招呼客人的方法、隨時為顧客服務待命（參見 chapter6）等等。在新人對店面工作稍加熟悉，也就是上班第三天之後，此時則須由專任訓練員開始指導。

專任訓練員必須具備依階段性訓練課程培育新進員工的技巧。而且，專任訓練員必須為新進員工親自示範，並依下頁「指導標準的 7 項要素」逐一說明如何服務與作業（應具備的態度）。此外，專任訓練員還要具備彈性的教學方式，依照新進員工性格與能力進行 OJT。

店長必須從 P/A 和正職員工中，指定具備上述技巧者為專任訓練員。專任訓練員以下簡稱「訓練員」。

指導標準的 7 項要素

---

1. 目的→為何進行該服務、作業？

2. 方法→如何進行該服務、作業？

3. 工具→使用什麼工具？

4. 程序→該以什麼順序、什麼方法使用該工具？

5. 量→對象包括哪些？

6. 質→必須完成至什麼程度？

7. 時間→從開始至完成需要多少時間？

※節錄自《待客訓練》（日經 BP）

OJT 要注意下列 3 項原則：

原則 1：訓練員與新進員工，以一對一的方式教導。

原則 2：協助至新進員工能夠獨力完成作業。

原則 3：告知新進員工如何以分段練習服務。

訓練員在第一線指導服務或作業時，必須確認新進員工的視線、表情、說話的發聲方式、音量大小、語調與語氣，甚至是肢體動作。因此，這個階段並不適合採用 OFFJT 或團體研習的方式。

訓練員必須先充分了解新人的個性與專長,是否細心或機靈,或是擅長的工作等,再進行個別指導——也就是原則 1 的「一對一」指導。再搭配原則 2 的「協助至新進員工能夠獨力完成作業」,即可消除每個人對服務與作業之標準(應具備的態度)的認知差異。

原則 3 就如同學習茶道禮儀、日本歌舞伎、芭蕾舞、戲劇等流程較複雜的事物,經常會使用分段練習的方法,也就是依階段區分每個步驟,之後再將整個流程融會貫通。應用於在職訓練上,就是透過分段指導的方式,清楚說明各訓練課程與整體流程之關聯與作用,讓新進員工更容易進入狀況,提升學習效率。

接著,筆者將說明訓練員必須在事前做好哪些準備,以及如何建立良好的心態與職場環境。

訓練員通常也在第一線進行服務、作業,很少有員工是專任訓練員。為此,進行在職訓練時,訓練員除了要排班,還得保留訓練新人的時間。初期訓練以基本服務、例行工作為主,包括途中的休息時間,一天以 4〜6 小時為宜。因此,為使訓練員專注於訓練,訓練時間應排除在平日排班之外。

在職訓練的時間最低以 20～30 小時為限，而且培育新進員工的人事費用也必須列入預算之內。若以「高離職率將導致人事費用增加」的觀點來看，就會發現「在職訓練所投入的費用」其實是值得付出的成本。

再者，於新訓與初期教育期間，訓練員與店長的交接工作也非常重要。交接內容包含了新進員工的性格、專長，以及其在初期教育時發聲練習、接待服務 8 大用語等的學習進度。

最後，訓練員必須確實記住新進員工的姓名，並從一開始就以姓名稱呼。向新進員工打招呼時，別忘了報以微笑與眼神接觸，並要求新進員工也要這麼做——這是從事待客業或服務業的基礎。

若全體員工皆能將上述重點落實於店鋪或職場上，就能消除新進員工的不安，進而留下好印象，每天都能樂於工作。為此，店長必須在新訓第一天的晨會上，宣布新進員工的姓名、培訓計畫與負責指導的專任訓練員。此外，訓練員介紹店內環境時，除了介紹其他員工的姓名之外，還要請新進員工與其他員工互相自我介紹，並講幾句話。

特別的是，有些店鋪為了打造快樂的工作氣氛，店長還會與新進員工事先討論在店內直接稱呼的小名。在這種情形下，有些公司還會特別製作員工名字的名牌。

不論是在上班、下班時，即便是休息時間，全體員工都要以微笑與眼神接觸問候—這一點非常重要。「問候」是溝通的第一步，而「環境使人成長」。訓練員必須事前確認當天的訓練內容與時間分配，進而準備工作守則，以及訓練課程、服務、作業所需的工具。

若新進員工以學生與打工族占多數，建議事先準備好說明服裝、髮型等規則的儀容確認表，可由公司內部規則的既定內容整理而成。進入訓練前務必確認，若有問題則必須請對方當場修正。為此，建議事前準備去光水、指甲刀、黑色橡皮圈、髮夾等（整理頭髮）。若發現對方染髮的顏色明顯違反店面規定，必須請對方當場修正；若無法配合修正，無論對方的年齡、社會經驗等，都要請對方回家。

如果不嚴格待之，內部規則就會在不知不覺之間被破壞，進而影響職場環境。以「規定就是規定（必須嚴格遵守）」指導——保持公正與嚴格，才能夠肯定員工個人的多元性，創造留住人才的職場環境。

誠如 chapter1 的「正確的面試方法與重點」、chapter2-2 的「正確的新進員工訓練」指出的，許多公司並未從一開始就適切對待錄取的人才。別忘了，包括應徵者、錄取的新進員工，以及離職員工，有許多原本都是住在附近的顧客。

這不僅是中小型公司或絕大多數的餐飲業、零售業的問題，大型公司也有相同的問題。尤其是急速擴大、急速成長的公司。這些公司往往將勞務管理人才的錄取與培育等組織管理面的問題擺在次位。

待客業也可以說是「人的產業」。服務業最重要的，就是在第一線工作的「人」。**「服務的品質」取決於「員工的品質」**。

在連鎖店等大量展店的公司的機制中，與美國相比，日本尤其落後的是「訓練員培訓制度」。簡單來說，就是「對於訓練員指導方式的教育訓練」。目前許多公司**訓練員的培訓制度**並不完善。

訓練員不能只是指導新進員工完成作業與服務，而是要針對每個作業或服務所代表的理念及背景加以說明，包括對顧客與商品的「感情」。所謂的「感情」，是指透過與顧客的接觸，使經營理念能夠確實展現。訓練員必須抱持著熱情，示範如何使「顧客在各種生活場域感到開心而滿足」，並透過訓練使新進員工了解每個作業與服務的意義。

培育新進員工，使其對公司經營理念產生共鳴與共享。此外，也要傳達公司理想的願景（對於將來的構想）與使命（對於社會的使命）。以新進員工能夠獨當一面為目標，透過每天的工作，讓新進員工獲得「自己也參與其中」的切身感受。藉由工作時聽見顧客與工作夥伴經常說：「謝謝」，將提升新進員工的參與感。

訓練員必須擁有積極、開朗的性格、宏亮的聲音，以及能夠發現員工優點的觀察力、領導力與溝通力。在作業或服務方面，必須以身作則，著重正確性之外，更要以適切的速度、一致地完成服務或工作（亦要求完成程度）。

在訓練課程的部分，則是需要相當的說服力、耐心，以及保有彈性的做事態度與執行力。

公司必須選擇具有這些天分（資質、才能）的員工成為訓練員的候選人。簡單來說，就是擅長指導他人，而且在雙向的學習過程中，能使他人與自己同時變得正向積極。以下為訓練員培訓制度應注意的重點。

1. 訓練員扮演的角色與職務
2. 訓練課程與待客訓練的基礎知識
3. 親和力與信賴關係的重要性
4. 溝通能力
   - 附和
   - 鏡象效應[13]（mirroring）
   - 呼應[14]（pacing）
5. 理解顧客的心理
   - 歡迎、期待的心理
   - 以自我為中心的心理
   - 不悅、不滿的心理
6. 遵守「內部規則」與儀容確認表

---

13 鏡象效應，指透過觀察別人對自己行為的反應，亦即用同等的角度看事情。
14 把自己的用字遣詞、口吻、說話速度、表情、動作和姿勢等，調整成與對方相同。

7. 作為員工的典範

8. 教育訓練 4 階段

- 導入……培養新進員工積極的學習心態
  使新進員工對訓練內容產生興趣。為此,巧妙提問、提供相關知識與小故事等也很重要。

- 傳達……由訓練員示範
  一邊說明,一邊示範,務必確實指導正確程序。

- 應用……由新進員工嘗試
  由新進員工實際執行,訓練員則是以觀察者的角度,修正其方法與程序。

- 評價……準確採取下一步行動
  具體確認新進員工理解了多少、達成了多少,以便採取下一步行動。

9. 工作守則與階段性訓練課程

10. 由店長親自培育訓練員

11. 運用訓練課程的 OFFJT、OJT 與諮詢方式

12. 訓練課程的進度報告與店長諮詢

　　關於第 1 點「訓練員扮演的角色與職務」的說明,請參見 Chapter7-1 ,而第 2～8 點在拙著《待客訓練》另有詳細說明。第 9～12 點則為店長運用工作守則與訓練課程,針對訓練員加以培訓。從新訓開始,到 OFFJT、OJT 都由店長親自指導。

此外，各項訓練結束後，店長必須與訓練員進行諮詢，互相確認實際指導時的訓練重點。那是為了使訓練員體驗新進員工的立場，以觀察哪些部分比較難懂、如何指導比較確實等，進而提升 OJT 時的應用能力，而這同時也是為了使店面的理想服務與標準（應具備的態度）一致。

　　無論店面規模的大小，店長都必須親自培育訓練員，直到店面擁有 2～3 名的資深訓練員，能使店面運作趨於穩定，並提升品質為止。這點非常重要。
　　專任訓練員是值班主管或主任（可代理店長業務的員工）的最佳候選人。儘管訓練員的培訓及新訓，對店長來說一開始會很辛苦，但如此培育人才將打造堅強的店內組織與團隊合作。這樣一來，也能使職場環境充滿「開朗、快樂、價值、交流」。「留住人才」的第一步，正是培育專任訓練員。

7-3 強化服務品質的 3 項策略

　　店長所培育的優秀訓練員，即可間接提升店面整體的服務品質。若要透過訓練員強化服務，必須具備下列 3 項策略：

1. 提升應具備的服務品質。
2. 重視客訴，以徹底控管服務品質。
3. 以感動顧客為目標，提供獨一無二的服務。

　　接下來，將具體舉例說明這 3 項策略。

1. 提升應具備的服務品質

　　假設某間熱門餐廳的午餐時間，共有 4 名 P/A 在外場工作。由於餐點廣受好評，加上其中有 3 位 P/A 的服務品質相當優良，因此讓第一次蒞臨的顧客就此留下好印象，期待再次蒞臨，甚至會介紹給其他朋友。

然而，卻有 1 名 P/A 服務品質較差，態度與講話口氣也很糟糕，使得接受這名 P/A 服務的顧客及周圍的顧客都因此對餐廳留下壞印象。即使其他 3 名 P/A 做了再多努力、提供再好的服務，這名 P/A 都會使餐廳的整體評價下滑，直接導致顧客減少。

其實，服務品質的問題，大多都出在新進員工身上，即使是最基本的服務也可能會不小心犯錯。當新進員工犯錯時，資深員工就必須趕快設法補救。因為這樣一來，有可能會無法提供店鋪應具備的服務品質，甚至會導致客訴發生。因此，訓練員必須依循訓練課程，從基礎落實 OJT，將新進員工培育成可獨當一面的主力員工。

2. 重視客訴，以徹底控管服務品質

就理論而言，服務有下列 4 項特性：

- 沒有實體（無形性）
- 生產與消費同時發生（同時性或不可分離性）
- 品質難以標準化（異質性）
- 無法保存（消滅性）

簡單來說，假設顧客因為接受某員工接待服務而感到不悅，但是因為所有的銷售都是無形的，當時的服務並不會就此留下實體。再者，每個人提供的服務內容不會一模一樣，這些差異使得服務品質難以控制。

基於上述特性，其實服務業很少會爆發嚴重的客訴事件（沒有浮出表面）。美國高級百貨公司——諾德斯特龍副總裁貝茲・桑達斯（Betsy Sanders）在其著作《*Fabled Service*》（暫譯：當服務成為傳說）中提及「顧客流失的原因」調查中，有 68% 為「員工漠不關心的態度」。

　　在美國，相較於偶一為之的客訴事件，據說抱持著潛在的怨言或不滿的顧客高達 20 倍之多。為什麼怨言與不滿會是潛在的而非顯性的呢？因為大多數顧客認為，就算覺得服務不夠周到，只要下次不要再到店面消費即可。

　　換個角度來看，客訴之所以會產生，表示其應對一定非常惡劣，怨言才會變得如此突顯；抑或是顧客對該店的服務品質有所期待，但卻無法壓抑不悅的心情，才會在結帳時向員工抱怨，或是之後再打電話至總部、寄電子郵件至客服中心。而服務的品質管理，就是指針對客訴問題檢討原因與思考對策，避免未來再次出現類似的狀況，進而改善服務的品質。

　　某店面發生的情形，在公司的其他店面也有可能發生。為了在公司內部徹底實施「服務品質的管理」，建議將問題發生的原因、後續處理情形等記錄於下方的「客訴報告書」並妥善保存，透過店長會議等場合與其他店面共享。這樣就能防止相同過失再次發生。

客訴報告書

			店名 _____		店長 _____	

顧客姓名：_____ 先生／小姐（　歲）　職業：_____
住　　址：_____　電話：_____
發生時間：西元　　　年　　月　　日　　時　　分
購買商品：_____
事　　項：_____

發生原因：_____

處理方法：_____

因應意見：_____

（總公司紀錄）_____

傳閱者簽名					

3. 以感動顧客為目標，提供獨一無二的服務

　　為了針對個人提供服務，必須奠定基本服務的基礎。

　　基本服務，是指在工作守則規範下，必須為前來店面消費顧客所提供的最低標準服務，至少不會出現客訴（怨言）的服務品質。此外，**根據店鋪型態、位置、目標客層、平均消費、銷售商品與服務，講求的基本服務品質也不甚相同。**

店長與訓練員必須使新進員工充分理解店面的基本服務品質，再依循訓練課程，使新進員工能夠自主為顧客提供個人服務。

　　無論日期、時間是否為尖峰時段，都必須穩定提供顧客從蒞臨到離店所需的基本服務，而不受忙碌所影響。

　　提供個人服務時，必須準確判斷顧客需要何種服務。為此，新進員工必須以「觀察、貼心、關心」的態度，對顧客多加「留意」與「察覺」，以準確判斷顧客所需要的服務，進而提升服務品質（詳情參考拙著《待客訓練》）。

　　完善的待客訓練課程，在基礎訓練的階段都有一個共通目標——使新進員工盡可能獲得顧客廣設而且自然的「謝謝」。

　　在此以簡單的實例來加以說明。在由 Oriental Land 經營的「東京迪士尼樂園」裡，如果有顧客想要拍照，演員（迪士尼樂園稱計時員工為「演員」）必須主動詢問：「讓我來為您拍照吧」。此外，發現走散的幼童時，一定要走到幼童的前方，並且蹲下來以幼童的視線高度與幼童說話。那是因為如果站在幼童的後方與幼童說話，原本就很不安的幼童可能會因驚嚇而哭泣甚至感到恐懼。

若能實踐上述守則規定的基本服務，又會是什麼情況呢？演員為顧客拍照時，顧客會說：「謝謝」。走散的幼童會對演員敞開心房，與演員一同尋找媽媽。當然，想必媽媽一定也很著急，因此當媽媽與幼童重逢時，演員就能由衷地與他們共享感謝的心情。演員獲得上述的「謝謝」後，會對顧客的心情產生共鳴，自然而然覺得感動。此外，演員也會對自己的工作產生喜悅與榮譽感。

　　其實，選擇待客業作為工作的正式員工或 P/A，原本就具備了待客的天分，只是待客的天分尚待被發掘而已。
　　「人在發揮潛力時，會獲得滿足感與成就感。」藉由獲得顧客的「謝謝」，使員工的自主性受到啟蒙，進而提升「發現」與「覺察」的能力。接著，以該員工自身的待客之道為基礎，發展為獨具個人風格的（只有該名員工能夠做到的）個人服務。這樣一來，員工便能與夥伴共同創造「顧客滿意度」，同時也能共享「員工滿意度」。

藉由與共享公司價值觀的夥伴（員工）一起工作、互相學習，來滿足更高層次的自我實現需求。之後，伴隨著員工之間的「感謝之情」增加，員工對工作的榮譽感與對公司的忠誠度也會提升。這樣一來，就能創造符合本書主題「募集人才、掌握人心、留住人才」的店面。

chapter**8**

降低離職率的
待客訓練

8-1 店長的領導能力，將決定員工的離職率

8-2 20%的員工因人際關係離職（尤其是女性）

8-3 使女性兼職員工成為戰力的基本對策

8-1 店長的領導能力，將決定員工的離職率

　　對店長來說，有 3 項信賴關係十分重要，分別是「顧客信賴度」、「員工信賴度」、「公司信賴度」。只要缺乏其中一項，店長就無法善盡職務。先從「顧客信賴度」開始說明，其最重要的指標便是「顧客人數」。

　　以下為顧客人數的計算公式：

顧客人數＝固定顧客 × 來店頻度[15]＋新顧客人數

　　若能獲得顧客的信賴，就有機會使新顧客成為老主顧，進而提升顧客人數。此外，若店長能夠掌握顧客的喜好，提供個人化的服務，就更能提升顧客的忠誠度及來店頻度。

---

15 來店頻度 （Frequency），顧客在店家購買的頻繁性。通常，從指定期間歸納顧客所屬的「來店消費次數」，以統計各人數及占比。

「員工信賴度」的指標，則是「離職率」。許多店面因為僱用了大量的高中生與大學生作為計時員工，所以在畢業季或就職旺季時，經常會有員工陸續辭職，而面臨店內人手不足的問題。當然，每家店的基本職員人數都會因其地理位置、競爭對手與營業額規模而有所差異。然而，店面仍必須確保一定數量的員工。半年度離職率可用下列公式推算：

半年度離職率＝半年度離職人數÷（期末在職人數＋半年度錄取人數）× 100%

即便是大量展店的商家，只要套用此公式，亦可推算出離職率，以此數據作為規畫參考。若以 3 個月為一季，也能藉此確認每季的離職率。若店鋪能夠確保適切的員工人數，員工離職率低、人才素質持續穩定，就表示該店鋪已成功培育人才。這樣一來，店面營運趨於穩定，亦能相對帶動顧客人數。

相反的，員工的離職率高，將導致徵人費用＝人事費用日益龐大。此外，好不容易錄取的新進員工在成為主力員工前辭職，也會造成其他 P/A 的負擔更加沉重，使離職率高居不下，並且陷入惡性循環。

「公司信賴度」的指標，是店鋪的預算管理。也就是，透過業績預算與利潤規畫的控管，使其業績及利潤逐年增加。為此，店長必須設法增加顧客數量，並提高營業額且徹底管理人事費用的經費預算。由上所述可知，這 3 項信賴關係環環相扣。

　　很明顯的，店長的管理能力將影響員工的離職率。所有的問題癥結都在於「人」，這對於勞力密集型的待客業、服務業、流通零售業來說，絕對是不可忽視的關注重點。

店長必備「3 項信賴關係」

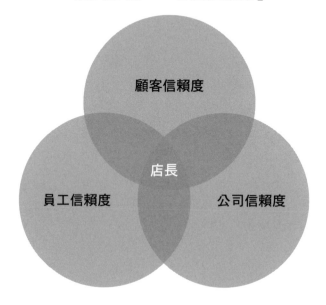

不同店長之半年度員工離職率

計算方式
半年度離職率＝半年度離職人數÷（期末在職人數＋半年度錄取人數）×100%

A 店　田中店長

		半年度			
		在職人數	錄取人數	離職人數	離職率
前年	6 月底	30	12	10	23.8%
	12 月底	32	8	8	20%
去年	6 月底	32	10	9	21.4%
	12 月底	33	11	10	22.7%
今年	6 月底	34	12	11	23.9%
	12 月底	35			

B 店　鈴木店長

		半年度			
		在職人數	錄取人數	離職人數	離職率
前年	6 月底	30	16	14	30.4%
	12 月底	32	5	3	8.1%
去年	6 月底	34	6	3	7.5%
	12 月底	37	3	2	5.0%
今年	6 月底	38	5	4	9.3%
	12 月底	39			

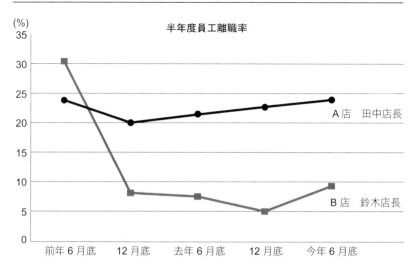

8-2 20%的員工因人際關係離職
（尤其是女性）

　　筆者於 Chapter3 也曾提及，根據針對大型連鎖店離職 P/A 的調查，結果顯示辭職理由有：「店長什麼都不教我」占 70%、「人際關係」占 20%、「工作環境」占 5%。其中，因「人際關係」而離職的女性員工特別多。

　　在未來的 20～25 年間，女性兼職員工將是職場的主要戰力，而其中擔綱重任的正是 30～60 歲的女性（參見 Chapter4-3）。因此，解決女性兼職員工的離職主因——店內的人際關係絕對是首要任務。

　　一般開業超過 15 年以上的店家，幾乎都會有一群共同打拚的資深員工坐鎮。資深員工不僅擁有豐富經歷、優良的服務品質，對公司的了解也比較多，更是店長值得信任的員工。但是就目前全國連鎖的餐飲業來說，營業額較

低的店家，通常只有一位店長、一位或至多兩位的正式員工，尤其是日本的連鎖牛丼餐廳更是如此。

而這些店家的 P/A 人數，一定也不多，多半是由值得信任的資深兼職員工身兼重任，店長週末才得以休假。大多數的資深員工對公司的忠誠度高，也自許「店內不能沒有我」而從旁協助店長工作。一般來說，資深員工每月工作約 150～200 小時，休假日僅有 5、6 天。

然而，即便是資深員工，多少還是會出現一些問題或缺失──只要不影響店面運作，店長大多會選擇睜一隻眼、閉一隻眼，使其繼續工作。原因在於若少了這些資深員工，將會影響店面的營運，自己也會因此無法休假、出席總部的店長會議等。

這裡所說的問題與缺失，是指資深員工擅自臆測店長的想法，並以「管家婆」或「老油條」的心態自居領導者進而擅自修改班表、欺負或排擠個性與自己不合的新進員工等。

另外，還有固著於自己的工作領域（職場的專業領域），刻意不讓其他 P/A 涉入，或刻意不培育其他 P/A，藉此確保自己每月的工作時數（＝酬勞）與重要性。若是剛畢業的年輕店長，這樣的情形可能還會變本加厲。可惜

的是，即使將問題回報給地區經理，大多都會被繼續忽略。

　　此外，女性兼職員工之間，經常會有小團體的問題。新進的女性 P/A 可能會遭受排擠、冷嘲熱諷等職場霸凌。這樣一來，因疏離感與複雜的人際關係，將導致新進的女性 P/A 很快就提出辭職。

　　上述情形都明確地反映在離職率上。大量僱用女性 P/A 時，必須依照性別與年齡來觀察離職率。筆者將於下一節說明使女性兼職員工成為戰力的基本對策。

8-3 使女性兼職員工成為戰力的基本對策

　　在介紹能使女性兼職員工成為戰力的基本對策前，讓我們先來了解一下東京都產業勞動局針對「求職理由」所發表的調查，以 2013 年和 2001 年的資料來做比較。（參見171 頁）

　　過去 12 年之間，部分的「求職理由」具有顯著的成長。我們可以從中看見大環境經濟、高齡化社會的變遷，以及價值觀的改變與貧富差距等。

● 成長顯著的求職理由

工作理由	成長（％）	2013 年（％）
補貼生活費	8	52.7%
獲得可自由運用的金錢	3	42.1%
支付生活開銷	8	39.4%
增廣視野、獲得社會經驗	1	31.2%
運用自己的經驗、技術與證照	12	31.1%

工作理由	成長（%）	2013 年（%）
儲蓄	14	29.2%
回饋社會	14	22.7%
補貼教育費	9	20.1%

※樣本人數：746 人（男性 18.0%、女性 80%。若依照年齡分類，女性 40-49
　歲 95%、50-59 歲 90%、30-39 歲 88%；男性 60 歲以上 87%、20-29 歲
　26%。已婚 65%、未婚 34%⇒依照年齡分類，20-29 歲 83%、30-39 歲 40%
　的比例較高）各項目可複選。

※資料來源：東京都產業勞動局 2013 年中小企業勞動條件調查

在 12 個項目之中，有 10 個項目成長，僅有 2 個項目
的成長率較低。此外，成長 8%～14%的項目超過一半（6
個項目）。

在 12 年的激烈變化中，回答「獲得可自由運用的金
錢」的員工比例稍增，但選擇「補貼生活費」、「支付生
活開銷」、「補貼教育費」的員工比例增加較為顯著，表
示大環境景氣不好，而使工作目標變得明確。

選擇「運用自己的經驗、技術與證照」、「回饋社
會」，則是代表員工希望能夠自由運用時間，達成自我實
現。若加上「儲蓄」的項目，甚至有 50 歲以上的兼職員
工是為了養老而工作。由此可知，資深兼職員工的年齡層
大多落在 40 歲以上的女性。

請參閱 164 頁的內容，當具備技術與經驗的資深兼職員工增加，店面營運亦會趨於穩定。由於他們的工作目的明確、可長時間工作，無論對店長或對其他員工來說，都是十分值得信賴的。事實上，許多工作 10 年以上的兼職員工，甚至比正式員工更為公司著想、對公司更忠誠。

　　然而，資深兼職員工很容易會有「管家婆」或「老油條」的心態，並以領導者自居、搞小團體（派系鬥爭），與年紀較長的員工合力排擠新進的女性兼職員工。此時，若是店長缺乏領導能力，資深兼職員工的影響力甚至會凌駕於店長之上。

　　為了避免資深兼職員工的老油條心態，首要防止公司內部搞小團體、固著於分內工作（唯有其能擔任的職務），這點十分重要。再者，必須確實建立公司的體制基礎。公司的體制基礎，指的是能夠「打造待客訓練的工作環境」。具體而言，就是運用「黃金規則（參見 chapter3-1）」使新進員工融入的工作環境。此外，命令資深兼職員工為訓練員，藉由指導新進員工，隨時留意其作業與服務。在互動過程中，店內的人際關係自然會有所改善。

　　另外，還得定期進行「個別面談」（參見 chpater9-1），輔以教育指導。再加上定期工作輪調、前往他店協助等，避免員工鞏固自己的勢力及地位。

接著，筆者將參考「兼職・計時員工的求職理由」
（參見 chapter4-3）的主要項目，介紹基本對策。

工作理由	百分比
彈性選擇工作時間	62.7
想要兼顧工作與家庭	56.1
希望年薪不超過扶養免稅額	55.5
希望工作輕鬆	36.5

由於日本政府推動降低並廢除配偶扣除額，女性兼職
員工的就職情形正處於過渡期。大致來說，其概念主要分
為兩種。一是盡可能長時間工作，獲得每月 15 萬日圓以
上的酬勞。二是依照個人情形，彈性選擇工作的時間，獲
得每月 6～8 萬日圓的酬勞。

前者又再分兩種，一種是屬於積極力爭上游型，她們
十分在意工作的責任與價值，同時也期待升遷或加薪與資
格認證。另一種就是不想背負太多責任的類型，但為了獲
得酬勞，還是會長時間工作。筆者認為，未來追求名符其
實的職位、時薪與資格的類型將會增加。

此外，後者即使具備領導能力、工作能力與責任感，
大多會因不希望工作造成負擔，而選擇以兼職員工的身分
工作。若是要求其承擔責任或為其調薪作為肯定，反而可

能會破壞兼職員工之間的平衡，導致店面失去優秀人才。因此，店長必須確實掌握兼職員工的工作目的。依照上述資料與觀念，筆者歸納了 10 項「使女性兼職員工成為戰力的基本對策」。

求職理由

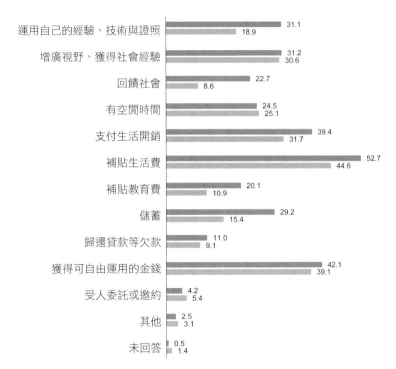

■2013 年　■2001 年

運用自己的經驗、技術與證照	31.1 / 18.9
增廣視野、獲得社會經驗	31.2 / 30.6
回饋社會	22.7 / 8.6
有空閒時間	24.5 / 25.1
支付生活開銷	39.4 / 31.7
補貼生活費	52.7 / 44.6
補貼教育費	20.1 / 10.9
儲蓄	29.2 / 15.4
歸還貸款等欠款	11.0 / 9.1
獲得可自由運用的金錢	42.1 / 39.1
受人委託或邀約	4.2 / 5.4
其他	2.5 / 3.1
未回答	0.5 / 1.4

2013 年中小企業勞動條件調查「兼職員工相關調查」東京都產業勞動局勞動諮詢資訊中心（2001 年與 2013 年的資料由筆者對照）

使女性兼職員工成為戰力的基本對策

1. 原則上，不使其負責固定的營業額與工作量。

2. 區分能夠管理的人與只能工作的人（包括不想管理等）。

3. 允許其以家庭或小孩活動為優先。只是必須訂定規則，包括若因旅行等事由需要請假 3 天以上，必須事前書面申請告知。

4. 面試時明確告知「週末與假日必須工作」，以維持兼職員工排班、輪班的公平性。

5. 週日與假日必須能配合排班 2～3 小時，並遵守約定時間。

6. 透過定期會議與個別面談與各單位、各員工維持良好溝通。

7. 要盡可能協助達成每月營業額。

   ※必須配合排班。

8. 除了工作以外，必須與同事相互交流，以提升參與感與向心力。

   ※最少 2～3 個月舉辦 1 次保齡球大賽、卡拉 OK 大會、聚餐、P/A 歡送（迎）會等活動。

9. 提供兼職員工相關福利，包括員工用餐及購物折扣，以及運動俱樂部、主題樂園、旅館、休閒度假村等設施的優惠券。

10. 職場內部定期工作輪調，避免員工組織小團體或成為「老油條」。

chapter **9**

以個別面談
提升員工程度與向心力

9-1 10%的店長未定期進行個別面談

9-2 進行個別面談的時機與重點

9-3 店長必備的聆聽力、設定目標力

10%的店長未定期進行個別面談

目前日本各行各業皆面臨因店面競爭激烈,容易被淘汰的時代。這樣一來,每間店面的顧客數量勢必會減少,使得商圈越來越小。

在競爭如此激烈的情況下,店長光是擁有專業知識與創意是不夠的,還必須將店鋪視為一間公司來經營,以經營者的立場思考如何進行改革,這才是具備「經營能力」的店長。也就是說,店長不能只想著做好店面營運管理,還必須以經營者的頭腦(經營者的自覺),展現出個人的創新與行動力。

因此,為了能夠在眾多競爭者中脫穎而出,店長必須具備管理能力,並遵從下列的「5C」。5C,是指 5 個字首為 C 的英文單字,包括調控(Control)、商議(Consultation)、溝通(Communication)、協調(Coordination)與諮詢(Consulting)。

店長必備 5C 與個別面談

- 調控（統整）
  具備領導力，以達成營業額為目標。
- 商議（診察）
  及早發現問題（與標準的落差）並加以因應。
- 溝通（疏通）
  確保部屬認同經營方針。
- 協調（調整）
  發揮部屬的個人特質與能力，打造堅強團隊。
- 諮詢（請教）
  協助解決部屬的個人煩惱。

　　首先要要優先考量的是「調控」（統整）。以「年度預算」來說，指的就是依照每個月的計畫進行預算分配，進而努力達成提高店面的營業額與利潤。接著再進行「商議」（診察）。商議有請教、協議等涵義，但此處著重於觀察店鋪的營運情況，以便及時發現並解決問題。

　　在統整預算時，必須依循「PDCA 循環」，也就是「計畫」（Plan）→「執行」（Do）→「檢查」（Check）→「行動」（Action）」的管理循環。具體而言，就是計畫每季、每月、每週或每日的預算，並確認結果。期間必須找出誤差（問題）並付諸行動，使結果盡可

能貼近原本的計畫。簡單地說，問題就是計畫（應具備的態度）與執行之後（實際的結果）的差距。

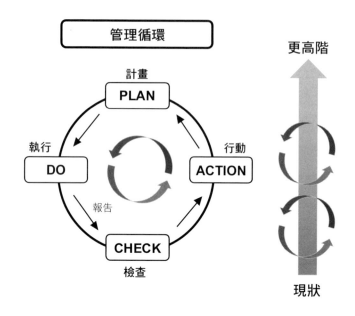

無論是年度預算或 QSC 標準，都是因為有事先擬定的計畫、標準等目標，才能對比出與實際執行時的誤差，也就是問題所在——「為什麼會產生誤差？」、「應該從何處著手？」，以及「如何因應才能縮減誤差？」這些問題都必須站在經營者的立場來思考，而非一般店長的思維。

面對問題時，一般店長與具有經營能力的店長（經營者），這兩者的最大差異是什麼呢？答案是，<u>**發現並解決問題的過程與速度。**</u>

一般店長在遇到問題時，經常會自亂陣腳，因而造成無法挽回的錯誤結果。特別是在店鋪經營的問題上，經常因人際關係的處理不當，影響到團隊合作，甚至是店面的服務品質與運作。不僅如此，更有可能導致重要人才的流失。

那麼，具有經營能力的店長會如何發現問題呢？他們會定期巡邏店面，設法及早發現問題。一旦發現問題，就要立刻判斷事情的嚴重性，並在問題擴大之前及時協助解決，這才是真正擁有經營能力的店長。

溝通（疏通）是指全體員工在解決問題與經營方針上取得共識。為此，店長必須要求員工參加晨會、定期會議，並且在傳達自己的想法的同時，也能尊重員工的意見。此外，針對客訴的內容，可在打烊後召開緊急會議。如此便能有效改善人際關係，展現良好的團隊合作，進而促使每位員工將工作能力發揮到最大。

協調（調整）是指讓員工發揮個人的特質與能力，並且兼具團隊合作的精神。更重要的是，透過溝通與協調，總部、店鋪、員工、P/A 與各單位就能充分了解各自的立場，進而維持更圓融的勞務分配、更完善的勞動環境。

最後是**諮詢（請教）**，定期為員工進行個別面談，積極諮詢職場人際關係或工作方面的煩惱，並提供建言與協助。重要的是，店長要以肯定、鼓勵與誇獎的方式，稱讚員工在職場中扮演的角色，協助員工一同解決煩惱。

此外，還要讓員工清楚明白自己的職務與角色、如何加強能力或改善工作方式等等，店長也必須予以大方向的指導。但切記，此時店長務必尊重個人的自主性，扮演好聆聽的角色。**透過諮詢，使員工主動思考、領會、判斷、述說，進而使員工認同自己，並主動採取行動，才能達到最好的效果**。

這是因為**人類只有在依照自己的想法去思考和行動時，才能拿出最大的行動力**。千萬不能以強制或命令的方式進行溝通，而是必須重視個人的自主性。像這樣運用待客訓練的技巧，由主管對部屬進行工作上的諮詢，就是「個別面談」。

透過個別面談，可以讓全體員工置身於「開朗的、快樂的、具有共同價值的、可交流的」且人際關係融洽的職場環境，不僅能加深員工彼此間的信賴與了解，也讓店長在無形中培養出應有的領導力。

9-2 進行個別面談的 時機與重點

　　店長必須至少每 3～4 個月實施個別面談，若能在旺季前進行個別面談，將有助於降低員工的離職率。

　　舉例來說，餐飲業每年店面的「季節指數[16]（seasonal index，亦稱季節變動）」（參見 181 頁）變化性並不大，通常季節指數較高處即為旺季。

　　若店長能在進入旺季前實施個別面談，聆聽每名 P/A 的心聲，了解員工的煩惱、意見與期望，就能在充分掌握店內資訊的情況之下，適時給予建議與追蹤，並確實降低旺季時的離職率。

---

16 反映季節變化對銷售量影響的方法。指季節變動以百分比表示之，亦即所有年分之平均為 100%，計算各月（季）指數。

原因是，在個別面談結束後、直到旺季之前，店長可以參考員工在這段期間的表現進行績效考核，並給予「肯定、鼓勵、誇獎」，以達到激勵員工的效果。不僅如此，也能依據面談的內容及後來的工作表現，為旺季重新設定工作分配及目標。若想要進一步培育出優秀的 P/A，則須確認各階段訓練的進度與成果，並予以全新的課題。這樣一來，P/A 就能逐漸適應旺季的工作量，進而提升個人能力。

　　若要在顧客人數增加、工作量遽增的旺季，維持店內應有的服務品質，就必須加強全體員工的工作技能及應變能力。而這些在旺季所累積的經驗，除了能夠增加員工在判斷工作優先順序時的準確性，也能提升工作效率。當然，隨著旺季的到來、顧客人數的增加，客訴問題是無可避免的。不過，正所謂「危機就是轉機」，筆者認為只要透過個別指導，任何危機皆足以成為提升個人能力的契機。

　　這樣一來，便能強化店內的團隊合作，提高店內的營運效能，進而提升生產力。為此，旺季時店長必須站在第一線，分配好工作，提升團隊的綜合能力，並隨時給予指示與指導，提供「關鍵協助」給步伐跟不上的員工。所謂的「關鍵協助」，是指在不會造成顧客困擾的情況下，不妨讓員工自行摸索，然而一旦出現緊急狀況，店長就必須

適時出面指導。這也正是店長向員工展現大將之風的最佳時機，由店長親自擔任指導並示範，會讓員工由衷生出「店長果然厲害」的敬佩之意。

　　店長必須準確掌握每個人的成長，並給予「肯定、鼓勵、誇獎」——這正是待客訓練的基礎技巧。為此，店長必須大量使用「好厲害、好讚、好棒」等稱讚，以及「謝謝，你能○○真是太好了（真是幫了大忙）」，才能營造開朗快樂的工作環境。

　　徹底實踐「現場、現物、現實[17]」三現主義的店長，不但能夠提升第一線的執行能力，也能獲得 P/A 的信任與尊重（敬意），進而培養店長的領導能力。這也是一種待客管理。

大眾餐廳的季節指數

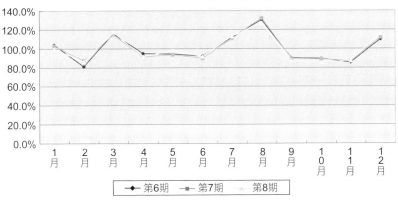

---

17 三現主義被廣泛地使用在生產管理等多個領域中，亦即到工作現場走一趟，運用現場實物思考，進而掌握真實的狀況。

9-3 店長必備的聆聽力、設定目標力

　　定期與部屬分別面談，稱為「個別面談」。一般的「諮詢」是指精神醫學或心理學上，由專業的諮詢師或醫師站在對方的立場，聆聽個人（患者）的煩惱與問題，並提供建言或協助，使個人恢復正常的心靈狀態。

　　一如前文179頁所述，本書的諮詢與一般諮詢最大的差異，在於店長可依據個別面談的內容，對員工的工作表現進行考核和評價。此外，藉由主動的聆聽，也能促使員工重新設定工作目標。

　　在協助員工重設目標時，店長必須確實掌握員工的程度，並且以實際可行的具體方案為對談重點。相較於待客訓練中的「成果目標」（最後期待的成果與目標），此處的具體方案則是「學習目標」（依據員工目前的程度所應追求的具體目標）。必須先列出成果目標，再提出具體可行的方法。

在進行個別面談時，主管切記別說太多話。一般來說，主管發言的比例最好控制在 10～20%，而且要盡量鼓勵員工多發言。因為若是由主管來主導對話，讓員工處於被動狀態的聆聽，那充其量不過是說教罷了，而不是真正的諮詢。即便店長希望員工能即刻改善工作態度，但這種單方面的填鴨式教育，是很難得到良好效果的。唯有相信員工的潛力、細心聆聽員工說話，進而促使員工自發性學習，才是最好的方式。

　　另外，在面談時，最重要的技巧就是「附和」、「鏡象」、「呼應」。關於上述技巧，可參考筆者的拙著《待客訓練》（日經 BP），書中都有詳細的說明。

　　個別面談和應徵面試一樣，雙方坐的位置很重要。建議店長可提供茶水或咖啡，並表達對員工平時付出的感謝，讓員工感受到店長的誠意。

　　接著從「破冰」開始，這項談話技巧在面試或新訓也很重要。可適度地稱讚員工最近數週的具體成長情形，包括作業、服務時的細心與貼心等，並且舉出兩項具體事例來說明。為什麼要兩項呢？這是因為如果只提一項，聽起來會很像場面話，而說太多又會讓人覺得有點刻意，因此建議舉出兩項具體事例就好，員工就會認為「原來店長真的都有在觀察」。

此外，具體的讚美也是個好方法。聆聽員工付出哪些努力、獲得哪些體驗或心得，再加以稱讚，將會更為有效。在員工分享經驗後，不妨以：「這方法很好，下次教教其他同事吧！我也來試試看。」來激勵員工，如此一來，不但能作為店長的參考，也能營造和樂融融的職場氛圍。

聆聽的方式也很重要，可參考 186 頁的「面談時傾聽的方法」。店長必須將心比心，站在員工的立場聆聽，以自然輕鬆的態度面對，並且把視線放在對方的身上（集中在臉部上方），營造讓員工放鬆心情的氛圍。

個別面談時，也可使用表格來進行員工績效考核。無論員工的職位高低，皆可使用「基本規則確認表」（參見 69 頁），可以達到非常好的效果。表格內容包括公司的基本理念、內部規則、職場禮儀等等，可用來定期提醒員工，促使員工進行自我檢討。

無論是員工、主管（店長或區經理），都建議將確認表的評分等級設定為 4 級。因為等級數若為奇數，評等結果通常就會是「不好不壞」。比如說 5 級，往往會因主管不願意給予極端評價，使得評分集中於「3」或「普通」，尤其是日本人或亞洲人更易如此。因此**店長必須刻意調整評分等級，以便讓員工確知自身問題的所在。**

在個別面談中，店長可針對評分落差較大的項目與員工討論。若有主管評語高，但員工自身評價卻不好的工作項目，便是主管稱讚員工的大好機會，而這也正是運用了培訓員工當中最基礎的技巧——「肯定、鼓勵、誇獎」。只有從肯定員工的表現開始，才是能夠與培育人才的諮詢。如果可以，請舉出兩個以上的項目來討論，成效會更好，能夠增加員工對主管評語的信服度，並使整個面談流程更加順暢。

相對地，若主管對員工所做的評分，比員工本人自我的評價還要低，店長就必須說明具體原因（比如說「平常表現很好，但到了尖峰時段就會手忙腳亂」等）以說服員工。此時，務必要以正向積極的態度進行說明，以打造開朗的談話氛圍。

雖然本書並未介紹，但除了職能評鑑制度（參見 226頁），公司若有明確的「職能基準確認表」也很方便。在此，筆者將介紹各行各業，包括中小企業都可使用的「面談諮詢表」（參見 187 頁）。各位不妨參考其內容，依照公司的型態進行規畫。

面談時傾聽的方法

- 眼→一邊觀察對方的態度，一邊傾聽
- 耳→確實聽清楚對方的用詞與口吻
- 口→傾聽的同時也做出附和
- 身→上身微微前傾地傾聽
- 心→傾聽時要專注於對方

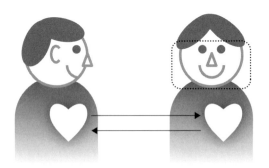

© 清水均 2014

面談諮詢表

西元　　　年　　　月　　　日

面談者	出生日期				年齡	工作資歷	
	西元	年	月	日	歲	年	個月

於本公司的工作資歷

		時薪	工作內容（若負責業務較多僅列舉要項即可）
	現在		
年	月止		
年	月止		
年	月止		
年	月止		
年	月止		

破冰（針對每人各提出兩項值得肯定及讚許的事情），並確認其當前工作的目的。

對於現在自己的工作與職責，以及現下的月薪有何感想？

平日的休閒活動為何？

就現在的工作內容，請舉出最希望改善的一點。

提出兩項自己的優點與強項（從上次面談至今），或是已達成的目標；另外列出一項個人的目標課題或是要改進的地方。

已達成的目標、優點或強項	目標課題或是要改進的地方。

從就職以來（從上次面談至今）在工作或人際關係上，是否有什麼煩惱？

如何解決工作上或私人的煩惱？

其他：例如，對班表有何意見？

到下次面談前（3、4個月後）的工作目標。

負責面談者姓名	職位	擔任面談者直屬上司的時間	
		年	個月

chapter 10

工作守則是基礎，
經營理念才是重點

10-1 將經營理念落實於顧客服務

10-2 在小商圈中屹立不搖的 3 個要素

10-3 善用晨會與會議，促使員工持續實踐公司理念

10-1 將經營理念落實於顧客服務

　　經營理念（經營哲學）是指「如何使顧客感到愉悅」、「企業在當地發展過程中所扮演的角色與所持的態度」、「公司的經營理念及企業文化」、「身為公司一分子的應盡職責」等，公司與全體員工共同擁有的價值觀與判斷標準。如果能夠與全體員工共享經營理念，產生共通的價值觀，便能維持一致的顧客服務。

　　包括「理念一致」、「行動一致」、「表現一致」在內，只要價值觀與判斷標準一致，那麼員工在接觸各式各樣的顧客時的應對（服務、作業的行動與表現）就會一致。當然，顧客的期望、客訴皆不同，員工不能只按照工作守則進行制式化的處理。公司必須伺機教育員工公司的經營哲學與理念，與員工共享價值觀。

在此先複習一下本書的 Chapter1～3。店長必須錄取有潛力的應徵者。接著，在新訓時，向新進員工準確傳達公司的經營理念並賦予動力。此外，為使員工的行動與表現一致，首先必須在進入公司（店面）後，實施初期教育與基礎訓練，使員工具備身為職場一分子，並學習以公司內部規則為基礎的教養與工作習慣。而在訓練時，所使用的工作守則，是提供給消費者最低限度的服務。簡單地說，就是依照守則提供公司規定的服務（動作）與接待，讓顧客至少不會感到不滿。

最後，則是以「提供個人服務」為目標。服務不像數學，不會只有一種「正確答案」。有多少位顧客，服務的答案就有多少種。顧客在不同的地方、不同的時間、不同的情境下，所需要的服務也不同。員工必須覺察、發現顧客的需求，不著痕跡地（不讓顧客覺得刻意）在最佳時刻提供最適切的「答案」。這就是將經營理念落實於顧客服務的表現，而不光只是做好服務而已。

2011 年發生「311 東日本大震災」時，東京迪士尼樂園即完美地依照工作守則，適切地服務了園中的 7 萬名來賓（來園顧客）。當時，迪士尼的「演員」全體員工也都是受災者，卻能根據每年於園中各處舉行 180 天的防災訓練，展現良好的危機應變能力，引導群眾平安地度過此次危機。而這次的緊急情況，迪士尼全體員工之所以能夠採

取一致的行動，這正是其經營哲學（理念）為「一切以顧客的安心與安全為優先」的落實所致。這是待客業「行動規範、行動原則」的典範，至今仍為人所樂道。

何謂經營理念

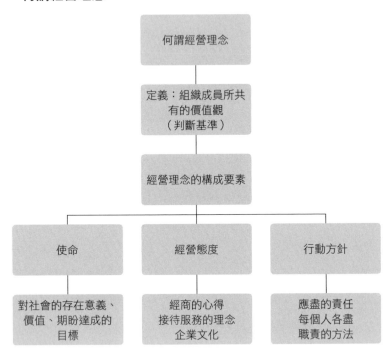

價值觀的共享與共鳴

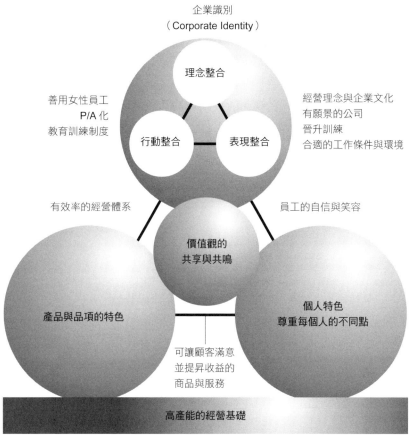

企業識別
（Corporate Identity）

理念整合

善用女性員工
P/A 化
教育訓練制度

經營理念與企業文化
有願景的公司
晉升訓練
合適的工作條件與環境

行動整合　表現整合

有效率的經營體系

員工的自信與笑容

價值觀的
共享與共鳴

產品與品項的特色

個人特色
尊重每個人的不同點

可讓顧客滿意
並提昇收益的
商品與服務

高產能的經營基礎

※引用自《待客訓練》（日經 BP）

© 清水均 2014

10-2 在小商圈中 屹立不搖的 3 個要素

　　無論店鋪數量多寡、營業額規模大小，想要維持第一線人員的工作士氣（幹勁），最好的方法之一就是讓 P/A 與正式員工一起參加例行性的晨會與夕會。

　　此外，還要在部門或店面舉行每週或每月 1～2 次的定期會議。即便有許多店鋪都知道定期召開會議的重要性，但卻都無法持續實踐。然而，P/A 也是居住在主要商圈內的顧客，若連最主要的顧客群都無法掌握，那麼被消費者淘汰也是在所難免的。

　　在這個嚴峻的環境中生存下來的卓越公司，通常有下列 3 項共通元素——(1) 個別應對 (2) 速度 (3) 行動規範、行動原則。筆者將依序一一說明。

(1) 個別應對

顧客會選擇願意重視且能夠滿足個人需求的店鋪。為此，必須將每一位顧客都視為獨特的「個體」，而非「不特定的多數」。

記住顧客的名字和長相特徵，並以姓氏稱呼顧客來增添親切感，是與顧客建立關係的第一步。接著，再進一步了解顧客的各種資料及喜好，以預先掌握顧客的需求，並及時給予協助。

比如說，在受理顧客訂購商品的訂單時，就可以記住顧客的姓名與長相，還可以趁機了解顧客的喜好。此外，透過顧客結帳時使用的會員卡，也能透過資料庫掌握顧客的消費記錄，並依顧客的喜好推薦新商品。當顧客感受到備受重視的禮遇時，自然就會成為「固定顧客」。

「固定顧客」是指以每週 1 次、每月 2 次等一定頻率光顧的顧客。若是能以姓名稱呼對方，拉近彼此的關係，就有可能增加顧客的忠誠度，進而成為老主顧。而且在固定消費的過程中，透過與顧客間的互動交流，當顧客購買了員工推薦的商品或相關商品，平均消費金額就會提高。倘若雙方能建立起良好的信任關係，就有機會讓固定顧客變成「忠實顧客」。

若能得到忠實顧客的支持與肯定，在口耳相傳之下就能帶動新顧客的人數，進而增加商品銷量。值得注意的是，這些新顧客便是潛在的「忠實顧客」。這是因為忠實顧客的口碑推薦較具言服力所致（依據個人的品味、嗜好、感性）。這一點對於販售高單價商品的店家來說特別重要。為什麼呢？因為新顧客如果沒有人帶領或介紹，通常很難主動走進這一類的商店。

只要維持良好的關係，這些忠實顧客甚至會成為「終生顧客」。固定顧客、忠實顧客與終生顧客約占總來客數的 20～30%，但其貢獻的營業額卻高達 70～80%。這個現象正符合了 80/20 法則[18]、ABC 分析法[19]中的「A 類顧客」。

能否使店鋪勝出，正取決於如何持續增加 A 類顧客，亦即如何以最少的數量創造最高的價值。因此讓「單一顧客滿意」（Personal Satisfaction）超越「整體顧客滿意」(Customer Satisfaction)勢必是各大店鋪的終極努力目標。而且店長一定要記得：「有快樂的員工，才能創造快樂的顧客（=單一顧客）」，即便是領時薪的 P/A，也

---

18 帕雷托法則（Pareto principle），也稱為 80/20 法則。此法則指出，80%
   的結果取決於 20% 的原因。

19 一種界定庫存等級的技術，指 A 類物品的數量較少，但價值卻比較高。常
   用在物資管理上，也稱為選擇性庫存控制。

要激發其工作士氣。

⑵速度

　　現今的顧客大多不願前往需要等待或是服務速度慢的商店，而且這種情況有逐漸增加的趨勢。這裡所提及的「速度」，將分成 3 個層面來談。

　　第一是**提供商品的速度**。在以大眾為市場目標的餐飲業，筆者觀察到所有的人氣店家都有一個共通點，那就是服務皆講求效率與速度。即便是書店之類的零售業，若是太慢回應顧客在賣場或電話中提出的問題，或是結帳速度過慢，客人就會因不耐等候而到網路書店購買。此外，網路書店配送商品的速度，也是決定成敗的關鍵。

　　第二是**雙向溝通的速度**。雙向溝通是指顧客與店家之間的溝通。顧客可能會對店家的接待服務、商品種類及品質、陳列、商品分類與店內設備等有所抱怨不滿。能否迅速回應顧客的客訴（怨言），將決定該店能否勝出。

　　舉例來說，有兩間規模相當、商品相同、價格也相同的書店比鄰而居。若能比對方先察覺客訴原因的問題所在，像是洗手間較髒、書不好找等等，並及時改善，就能獲得消費者的青睞。無論任何行業，都應該致力於改善顧客不滿意的地方與服務速度。

第三是**將第一線的資訊導入總部，並提供及時的決策支援**。大量展店的公司在決定如何改善店面運作等事項時，總部往往會參考業界與對手的各種資訊來提高決策的準確性。但問題在於 P/A 與顧客接觸時，能否迅速且正確地實踐上級的決策，以及之後能否持續實踐與貫徹也很重要。事實上，這正是決定店鋪或企業發展能力的差距所在。

(2) 企業行動規範、行動原則

企業行動規範，是指該公司全體員工依據經營理念所應採取的行動與態度。而行動原則就是行為的判斷標準，員工遇到問題時，要以公司的共同判斷標準與價值觀，做出正確的應對。

對於與人互動頻繁的服務業而言，最需要的就是工作熱忱。即便是重複性極高的簡單動作，像是問候客人或清潔工作，也要用開朗積極的態度去完成，並且為自己的工作感到自豪，這就是服務業的真意。由於是沒有「人」就無法成立的「人的產業」，因此如何管理員工，並提升其工作幹勁，絕對是一間店的成功關鍵。包括服裝儀容、員工之間的交流、聯絡與報告、客訴處理、公司的行動規範與行動原則，都必須要求員工確實做到。

為此，店長必須激發包括 P/A 在內的全體員工的工作幹勁，做好職務分配，以建立良好的團隊合作，並且要將顧客的期望與不滿、工作上的交接錯誤、人際關係等問題，視為員工學習、達成共識的契機，徹底貫徹店鋪與公司應該具備的規範與原則。為了貫徹上述 3 個元素，晨會、夕會與定期的會議都是不可或缺的。此外，店長必須依照所在產業的特性，考量 P/A 員工所占的比重，再次確認其重要性。

10-3 善用晨會與會議，促使員工持續實踐公司理念

　　召開晨會、會議的目的，在於能夠透過顧客服務，落實公司的經營理念與方針，因此店長必須盡可能與員工溝通、取得共識。而所謂的經營理念，則是指全體員工應有的共同信念和經營目標。

　　在第一線服務的員工，往往必須應付五花八門的客訴問題，但這並不是僅靠工作守則就能解決的。然而，無論遇到什麼樣的狀況，只要全體員工具備共同的價值觀與行事判斷標準，就能做出正確的判斷與行動。只要思考方式一致，員工的服務與應對就會一致，即便有時某些客訴應對會超出工作守則之外。

　　其他，像是維持店鋪營運的 QSC 標準、強化員工的應對服務、找出店鋪潛在問題等等，若店長沒有定期向員工傳達這些經營願景（組織的共通目標）與想法，員工自

然無法了解。因此，晨會、夕會與會議——是店長傳達願景與想法，使員工充滿幹勁進而採取行動的重要場合。

此外，透過店鋪營運，讓 P/A 發揮個人特色、個性與創造力也很重要。只要發揮個人具備的多元能力與幹勁，打造店內組織、建立分工制度，就能培育團隊合作，產生更大的加乘效果。

為此，店長必須從各方面進行協調（調整），而這也可以透過晨會、夕會、會議、報告、聯絡及工作交接，讓溝通變得更加順暢。此外，還能避免因些微誤會而產生的人際關係問題。

店長必須要求員工盡可能參加晨會、夕會與會議。面對在會議上不太發言的員工，店長必須技巧性地徵詢其意見，或請對方事前準備對主題的想法。

比如，以「哪些服務是符合公司行動規範的？」為主題，要求全體員工輪流在晨會上發表 2～3 分鐘——這個方法能有效了解全體員工對於經營店鋪、接待服務的想法。另外，店長若能於此時適度地稱讚員工，也可藉此激勵員工士氣。

或是擬定 5～6 項公司的行動規範，每天依序進行。

這樣每次參與討論的成員就都不同（原則上 P/A 每週排班較為固定）。建議製作「晨會確認表」（如右頁圖表），將晨會的內容與重點記錄下來。並且徹底要求全體員工養成於上班前確認晨會、夕會等會議記錄的習慣，如此一來，不僅能共享資訊，使理念一致，也可提升 P/A 等全體員工的動力。

另外，若能事前決定客訴處理等主題，新進員工就能聆聽資深員工的意見與建議，有益於增進員工的知識管理能力（智慧的累積、共享、運用、評價）。關於知識管理，於筆者的拙著《待客訓練》中有詳細的說明。

晨會確認表

西元　　　年　月　日

	項目	確認
1	確認排班與出缺席的狀況	
2	確認名牌、化妝等儀容	
3	今日的行動規範　　NO.○　負責人_____	
4	接待服務8大用語　發聲、動作　負責人_____	
5	本週口號　複誦　負責人_____	
6	營業日報表（昨日業績、今天目標）	
7	昨日顧客的稱讚與責備	
8	店長聯絡事項	
9	今日主要行程與分配角色、負責人_____	
10	其他聯絡事項	
11	今日進貨主要商品	
12	今日進貨新商品	
13	各部門每週暢銷商品（每週五）	
14	展示會、活動相關事宜	
15	顧客的期望、問題等	
16	商品資訊（顧客、報紙、業界刊物）	
17	對手活動、業界資訊等	
18	海報、POP 的張貼與檢查　負責人_____	
19	晨會記錄填寫　負責人_____	
20	今日的接待服務重點	

chapter 11

以環境培育人才，
以評鑑活用人才

11-1 以職責分工，創造個別的成就感與團隊意識

11-2 以「職務資格分級制度」，建立加分主義的薪資體系

11-3 建立「職能評鑑制度」

11-1 以職責分工，創造個別的成就感與團隊意識

☺ 「輕鬆學習」、「互相交流」、「加分主義」是關鍵

正如我之前所提及的，「有快樂的員工，才能創造快樂的顧客」。**如何營造讓員工互相交流、輕鬆學習的職場環境**（勞動環境），是十分重要的關鍵所在。

為此，店長必須採用具有待客業潛力與特質的應徵者，諸如「喜歡與人互動」、「能從顧客服務中獲得滿足及成就感」、「將顧客受到重視的喜悅、轉化為自己的喜悅」等等，也就是本書反覆提及的待客之道——是每個人都擁有的溫柔與體貼；站在對方的立場，嘗試去了解對方的需求及心意。

另外，能夠一展長才且享受樂趣、對企業的經營哲學

或理念產生共鳴與使命感，以及良好的職場人際關係，這三者皆不可或缺。

一般來說，兼職員工的工作目的有兩種，一是追求生活餘裕，二是累積社會經驗。大多數的兼職員工透過工作，除了可以結識生活圈以外（鄰居或學校）的朋友，還能實現「職場＝尋找工作價值、為社會盡力，並與志同道合的夥伴交流之處」的理念，藉此提升自我價值。

他們不僅希望快樂地工作，更希望能夠成為團隊的一分子，與其他員工合力完成各種目標，並且讓顧客由衷地感到喜悅，甚至是感動。因此，在工作之際，與其每個人各自埋頭苦幹，不如建立起能夠肯定彼此多元性的人際關係，且互相尊重，並在團隊合作中扮演好各自的角色，以獲得共通的成就感。

為增進團隊合作，店長可以每隔 2～3 個月舉辦活動。例如，保齡球大賽、卡拉 OK 大會、歡送（迎）會等等，可有效增進員工之間的溝通與交流，並藉由互動與分享產生共鳴，進而展現良好的團隊合作。活動時，可由兼職員工們自由票選出負責人，或者是在團體當中有人特別擅長炒熱氣氛等等，不但能凝聚每位員工的向心力，更能讓彼此相互感謝，為工作帶來歡熱的氣氛。

重要的是，店長要以大哥哥或大姐姐的身分參加活動，並且跟兼職員工們打成一片。若是面對女性兼職員工，不妨在工作以外的場合，像是在聚會中扮演聆聽的角色。如果可以建立起上述關係，遇到需要調整班表的時候，員工也會比較願意配合，而且即使待遇低於附近的敵對店鋪，也能加強員工工作的穩定性。

　　身為店長，對於工作必須嚴格要求。從培育階段起，就要教導新進員工遵守儀容、招呼客人的方法等內部規則。開始工作的前 3 天，是非常重要的關鍵期，與其說是教育，不如說是「教養」將更為貼切。此外，也要培養員工良好的工作習慣，包括作業完畢後一定要向主管報告、將店鋪用具物歸原位等等。

　　「規定就是規定，每個人都要盡忠職守，並且開朗面對」──對於店內的繁瑣細節，店長皆必須以最明確的態度，實踐店鋪的營業方針。

　　那麼店長該如何教導員工進行各項基本作業呢？

　　答案是「工作守則」。一旦發現錯誤，就必須嚴格指出，並要求員工立即修正。除了店長之外，訓練員、時段負責人也必須予以嚴格指正。這樣一來，新進員工就能明白維持店面服務與標準作業的重要性。唯有與員工進行反覆的溝通與交流，才能培養出獨特的店鋪風格。

就服務層面來說，一開始先讓新進員工了解店鋪所追求的經營理念、經營哲學是非常重要的。之後必須依循訓練課程，為新進員工進行教育訓練，並提供服務時所需的工作守則。即便是具備相關工作經驗的新進員工，仍必須將其訓練至完全達到店鋪標準，才能進入下一個階段。在上述前提下，輔以彈性的教導方法，使其成為能夠以顧客為優先考量，並充分發揮個人特質的員工。

隨著新進員工透過服務顧客進而發揮個人特質，以肯定新進員工為出發點，建立加分主義的薪資體系便顯得十分重要。此外，為了促使兼職員工的品行與創造性符合公司經營理念，在新進員工成為主力員工後，藉由舉辦服務競賽或「訓練員培訓制度」（參見 147 頁）等等，持續進行知識管理與教育研習的制度也是不可或缺的。

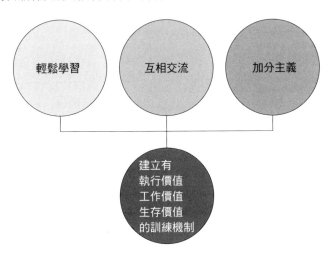

11-2 以「職務資格分級制度」，建立加分主義的薪資體系

　　如果企業能導入「**職務資格分級制度**」，就能改善日本企業「終身僱用制[20]」、「年功序列制[21]」這類傳統人事制度的弊端。以往由於與其他公司競爭時薪，大多數的公司都會依員工的年資發給薪水。然而，這樣的薪資體系很容易使兼職員工產生工作倦怠，導致公司內部出現以小領袖自居或是老油條心態的員工。

　　雖然這個說法有點以偏概全，但筆者發現，越是資深的員工，越會倚老賣老，在工作上混水摸魚或是以小領袖者自居、帶頭搞小團體，甚至會在進行工作交接時，刻意對優秀的新進員工有所隱瞞。就公司而言，這等於錯失了

---

20 指求職者一經企業正式錄用直到退休，始終都在同一企業工作。
21 日本企業的傳統工資制度，是指員工的基本工資會隨著員工的年齡和企業工齡的增長而逐年增加。

培育優秀員工的機會。新進員工通常不是被迫辭職，就是被資深員工帶壞，也跟著變成老油條員工。因此，**只有依照個別能力，給予具有差異性的薪資**，才能有效留住人才。

若店面所在的商圈受到大型店面出現等因素的影響，使得整體地區的時薪都有所調漲時，通常該店鋪也必須跟著調整基礎時薪。此時若能導入「**職務資格分級制度**」，就可以針對工作有拚勁、努力學習或取得證照資格的人，給予較高的酬勞；而那些生產力較低、未能（不願）取得資格自我提升的人，就會因酬勞（時薪）無法提升而自動辭職。

「付出多少努力，就能獲取多少肯定」這樣公平的考績評鑑，對於職務資格分級制度來說十分重要。每個人都可以挑戰，取得不同等級的資格，並在獲得工作授權之後，重新領悟工作本身的價值與成就感。

另外，若新進員工表現優異、善盡職守，店長也可以提供獎金，或依據 P/A 自己的期待，提供比照正職員工的福利。對企業來說，公司的生產力一旦提升，績效相對就會更有效率，進而可以縮短員工的工作時數，或增加員工的休假天數。

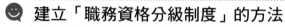 建立「職務資格分級制度」的方法

第一步是改變「工讀生」、「兼職員工」的稱呼方式。無論是公司還是員工自身，都會因為「工讀生」、「兼職員工」這類詞彙而產生刻板印象，例如：「工讀生不行啦」、「跟兼職員工說這些沒用啦」等等，其實這些都是公司單方面的消極想法。相對的，也有些兼職員工或工讀生原本就是因為不想承擔責任，才會選擇兼職一途，甚至認為只要在排班時出現就好，對於工作缺乏企圖或野心（動力、幹勁、意願）。因此為了消除雙方的刻板印象，公司必須決定兼職員工的職級頭銜，並於新訓時明確傳達此做法的用意。

比如說，「夥伴」（Partner）＝工作夥伴、共同經營者；「機組員」（Crew）＝為前往相同目的地而扮演不同角色的命運共同體；「同伴」（Mate）＝團隊成員；「拍檔」（Fellow）＝朋友、同事等。依照公司所屬的產業別，選擇適當的名稱即可。當員工通過職務資格分級制度的考核後，就可以在既有的工作內容外，再加上**基本業務、應用業務、管理業務等更高階的工作內容，並隨之改變職級頭銜（稱號）**，像是夥伴、訓練員、值班主管。

一如員工的內部升遷，只要在每項職務資格的研習階段，為職級頭銜加上「儲備」二字，自然就會簡單明瞭。

舉例來說，就像是**儲備夥伴**（即將成為夥伴）、**儲備訓練員**（即將成為訓練員）、**儲備值班主管**（即將成為值班主管）。

或者也可細分為：C 級夥伴、B 級夥伴、A 級夥伴，或者是 C 級訓練員、B 級訓練員、A 級訓練員，員工就可以清楚知道最高資格就是 A。若是外商連鎖咖啡店，也可以比照咖啡容量的多寡，改變分級制度的細項名稱，比如從「Small」開始稱呼也無妨。建議可依照各公司的業種，擬定出有趣又幽默的名稱。

本節將針對**夥伴、訓練員、值班主管**等職務進行說明。若需區分外場與內場，就稱為外場 C 級夥伴、內場 C 級夥伴等，以此類推。**建立職務資格分級制度必須從現行業務的分類著手**。現行業務會因業種、業界形態與規模的不同而有所差異，而本節以餐飲業為例，將業務大致分為 3 類——**與店面運作相關的基本業務、應用業務、管理業務。**表中的各個職級頭銜，是指訓練員負責訓練夥伴，使其從夥伴提升至訓練員，而擁有更高階的職稱（職位）。

在 Chapter6-3 的餐飲業訓練課程「外食暨完整服務各階段訓練課程」（131 頁）中指出，在成為主力員工之前，新進員工必須經過 50～60 小時的研習。此處的「外場 C 級夥伴」，程度就與主力員工相等。

再者，各項業務皆有「研習期」與「熟練期」（可獨當一面）。儘管優先順序會因公司而異，**但通常所有的訓練課程都是以一般的基本業務為主，亦即員工第一天上班就會密集接觸的基礎作業。**當然，各項作業都必須設定工作守則、標準動作與標準時間。

同樣的，**應用業務與管理業務也要設定「研習期」與「熟練期」。**以實際的資格條件來說，精通基本業務後，通常都必須再經過一定時間的熟練期，才能進入下個階段。由於每個人適合的業務內容不同，因此每個階段都要進行資格審查，包括簡單的算數問題、技能測驗或筆試。若是訓練員以上的考核，還得經過地區經理的面試才行。

此外，針對訓練員、值班主管，總公司必須舉辦至少每年 2～3 次的研習會。透過團隊共同研習的方式，使員工學習更多的溝通技巧、訓練方法，以及與領導力相關的理論。這不僅能提升個人的實務能力，還能徹底貫徹公司的經營理念，傳達公司的經營方針，並培養員工對公司的榮譽感與忠誠度。在研習會結束之後，不妨邀請經營高層

一同參與餐會。在值班主管的區域會議上，要求值班主管參與新商品開發、展示會與活動企畫等需要創意發想的工作，藉此加強員工身為公司一分子的認同感，和提升員工個人的價值感的一分子、提升個人價值也很重要。

基本上，C 級夥伴、B 級夥伴、A 級夥伴的業務，皆為店面的主要業務。雖說是資格，待遇仍會反映於薪資。**如此培育員工的機制，是建立職務資格分級制度的基礎重點。**

若要培育能夠完成獨立作業、執行應用業務的員工，一開始就必須為員工設定下個階段的目標，也就是管理業務。基本上，此階段必須由負責指導基本業務與應用業務的訓練員，或能夠代理店長職務的值班主管來指導。各職級的頭銜皆可依照各公司的型態決定。簡單地說，就是由確實接受過教育訓練的資深兼職員工，依序指導新進員工，並建立相關機制與稱呼。

餐飲業 P/A 職務資格分級制度〈1〉

●C 級夥伴 基本業務 （固定業務）	1. 基本外場的服務 2. 基本的結帳流程 3. 每日、每週清潔工作、檢查及補貨 4. 每日、每週清潔工作、檢查倉庫及補貨 5. 協助廚房的基礎工作、清洗餐具及檢查與補充食材 6. 協助每日、每週進貨工作 7. 協助冷盤（沙拉等）的製作與擺盤
●B 級夥伴 需要一定熟悉度 的應用業務	1. 掌控外場狀況並提供服務及推銷（尖峰時段可負責三桌，具備相應的產品知識與推薦菜單技巧） 2. 啟動收銀機（開店時準備收銀機）、營業中點檢收銀機（中途結帳及管理現金）、收銀機電源關閉（打烊時結帳及管理現金） 3. 製作每日營業報表與登記每日確認表 4. 朝會、夕會時，負責撰寫聯絡紀錄 5. 負責外場備品與消耗品的訂貨補充及點收 6. 受理電話預約 7. 基礎的食材進貨作業 8. 常備菜單食材的訂貨與點收 9. 基礎的廚房調理工作（尖峰時段可支援兩區） 10. 每日、每週檢查及補充廚房備品 11. 消耗品的訂貨補充及點收 12. 水電瓦斯等開關的確認及電費管理表的確認與回報 13. 協助每週或每月的盤點結算工作
●A 級夥伴 需要相當熟練度 的應用業務	1. 注意並掌控外場狀況，適時提供服務（尖峰時段可負責六桌） 2. 協助外場負責人 3. 尖峰時段協助帶位或結帳 4. 每週輪流負責召開朝會或夕會、處理一般客訴 5. 受理電話預約，以及應對各種折扣活動的相關問題 6. 製作每週營業報表 7. 較高階的廚房進貨工作 8. 負責當季或特別菜單的食材訂貨及點收 9. 較高階的廚房調理工作（尖峰時段如有需要，可支援所有區段） 10. 負責每週或每月的盤點結算、登記各項盤點結算表格

© 清水均 2014

餐飲業 P/A 職務資格分級制度〈2〉

●C 級訓練員 基礎的管理業務	1. 擔任尖峰時段的區域負責人 2. 尖峰時段負責帶位 3. 具備收銀檯的管理責任 4. 應對較難處理的客訴 5. 負責訓練外場的新進員工（受訓者可升等為 C 級夥伴）
●B 級訓練員 需要一定熟悉度 的管理業務	1. 製作打蠟時程表 2. 負責訓練外場 C 級夥伴（受訓者可升等為 B 級夥伴） 3. 負責訓練廚房 C 級夥伴（受訓者可升等為 B 級夥伴）
●A 級訓練員 需要相當熟練的 管理業務	1. 協助值班主管 2. 負責維持店內 QSC 標準、各項環境器材元維護 3. 負責訓練外場 B 級夥伴（受訓者可升等為 A 級夥伴） 4. 負責訓練廚房 B 級夥伴（受訓者可升等為 A 級夥伴）
●值班主管 （以公司內的職 責分配來看屬於 主任階級）	1. 協助店長工作，並於店長不在時作決定 2. 於 A～C 級夥伴要升等時，擔任第一次的評鑑者 3. 主辦每週夥伴會議，以及設定外場、廚房的各週業務目標 4. 與受訓者面談 5. 在午餐或下午茶時段，擔任值班主管，並代理店長執行業務 6. 負責訓練外場 A 級夥伴（受訓者可升格為 C、B、A 級訓練員） 7. 舉辦各項促銷宣傳活動時，負責指示店內的裝飾及管理工具 8. 出席各區值班主管會議（每三個月召開一次公司經營方針的布達會議）

😊 職務資格分級制度所適合的薪資體系

基本上，公司只須在第一年定期、定額調漲時薪，若以圖表「餐飲業 P/A 職務資格分級制度」為例，就是每3～4 個月調漲時薪 10～20 日圓[22]。但 1 年後，時薪就保持凍漲，簡單地說就是不加薪。

之後會依「新進員工」→「C 級夥伴」→「B 級夥伴」→「A 級夥伴」的升級順序來分級。原則上，若經過一定時間的訓練，員工仍無法具備各項職務資格的話，時薪就不會再調整。比如說，C 級夥伴的最低時薪是 800 日圓，A 級夥伴的最高時薪是 850 日圓，若 1 年後仍是 B夥伴，時薪可能就只維持在 820 日圓。

由於新進員工在研習期間還不能獨當一面（成為主力員工），也有公司會規定在一定期間內（比如說 50 小時等）僅給予較低的研習時薪。假設 C 級夥伴的最低時薪是 800 日圓，研習時薪可能會少 30 日圓，也就是 770 日圓。若是過了 50 小時的訓練，新進員工仍無法具備 B 級夥伴的資格，時薪也會維持 C 級夥伴的時薪。

---

22 中華民國現行基本工資月薪為新臺幣 20,008 元，時薪為新臺幣 120 元。

當新進員工升級為 C 級夥伴（時薪 800 日圓），熟悉了基本業務並經過 2～3 個月的熟練期後，就可以開始接受升級為 B 夥伴的教育訓練。升級為 B 級夥伴（時薪820 日圓）之後，再經過 3～4 個月的熟練期，就可以升級為 A 級夥伴（時薪 850 日圓）。**新進員工大約花費 1 年，經過各項職級考試，即可升級為 A 級夥伴。**再下一個階段，就是**應用業務**。只要在某項核心職能（筆試‧技能測驗）拿到 80 分以上，即可視為獲得應用業務之資格。

最後是管理業務的階段，同樣分為 C、B、A 3 個等級，每個等級至少要訓練 6 個月以上。而且公司內部一定要詳加規定，若未經歷熟練期，就無法接受下一個階段的教育訓練與職級考試。因此按筆者推算，新進員工最快也要花費 1 年時間，才有可能接受升級為 C 級訓練員的教育訓練。

至於負責管理業務‧**C 級訓練員**以上的職級，就必須加上其他的資格條件，比如每週工作 3 天、每月工作 80 小時以上、持續工作 1 年以上，而且每年週末及假日的總工作時數須達到 60%。這一點很重要，也是確認該名員工對店面能有多少貢獻的重要指標。因為即使員工的職級再高，若是無法在店鋪最需要人力支援的尖峰時段排班，對店鋪來說就等於是完全派不上用場。

P/A 資格等級制度

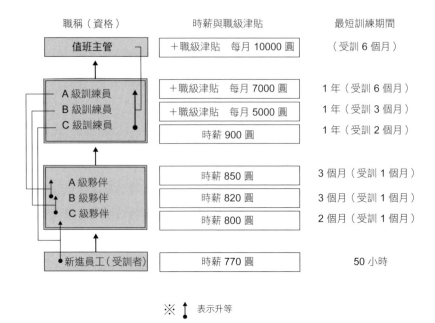

職稱（資格）	時薪與職級津貼	最短訓練期間
值班主管	＋職級津貼　每月 10000 圓	（受訓 6 個月）
A 級訓練員	＋職級津貼　每月 7000 圓	1 年（受訓 6 個月）
B 級訓練員	＋職級津貼　每月 5000 圓	1 年（受訓 3 個月）
C 級訓練員	時薪 900 圓	1 年（受訓 2 個月）
A 級夥伴	時薪 850 圓	3 個月（受訓 1 個月）
B 級夥伴	時薪 820 圓	3 個月（受訓 1 個月）
C 級夥伴	時薪 800 圓	2 個月（受訓 1 個月）
新進員工（受訓者）	時薪 770 圓	50 小時

※ ↕ 表示升等

　　以上表為例，店鋪除了依員工的職務調整時薪之外，也可以適時給予職級津貼，或依照兼職員工的期望，提供比照正職員工的福利。就此例而言，C 級訓練員的最高時薪是 900 日圓。升級為 B 級訓練員，就可獲得 5000 日圓的職級津貼；若升級為 A 級訓練員，則可獲得 7000 日圓的職級津貼；至於值班主管的職級津貼則是 1 萬日圓。

　　不僅如此，B 級訓練員以上的職級，除了 6 個月的職級津貼，每月還可以領取酬勞的 30%～100%，作為達成目標的業績獎勵。這樣能更有效的激勵員工。比如說，任

職於某公司品川門市的 A 級訓練員鈴木，除了 6 個月的職級津貼外，共獲取 72 萬日圓的酬勞。假設兩季（6 個月）來的店鋪業績，營業額達成率[23]是 97%、店面邊際利潤率[24]是 98%，**而給予 B 級訓練員以上職級的業績獎勵是酬勞的 80%**。

A 級訓練員鈴木這 6 個月的業績獎勵為

合計酬勞 72 萬日圓÷6×80%＝9 萬 6000 日圓。

此外，B 級訓練員以上的職級，其業績獎勵比例亦可依職級而調整。

其他方法還包括扣除各部門的基本服務與作業後，針對「餐飲業 P/A 職務資格分級制度」表中的各項工作內容，額外加發一筆業務津貼。筆者暫時稱它為「**業務津貼型薪資體系**」。

具體而言，外場人員必須熟悉服務相關業務、內場人員必須熟悉食材的前置處理與料理，加上每日與每週清潔、檢查、補充等工作內容，基本時薪為 800～850 日圓；較高階的**應用業務**與管理業務，即可設定業務津貼，

---

23 營業額達成率＝（實際營業額／目標營業額）× 100%。

24 邊際利潤率＝（1－變動成本／銷售收入）× 100%。反映增加產品的銷售量能為企業增加的收益。

像是結帳 30 日圓、訂購並點收備品與消耗品 20 日圓、接聽電話與各種銷售服務 20 日圓、每週及每月盤點並填寫盤點報告 20 日圓、基本業務相關訓練 50 日圓等。

「業務津貼型薪資體系」能夠顧及每位員工的專長及多元化發展，可說是比「職務資格分級制度」更為圓融。這樣一來，無論內場、外場，雙方未來若考慮交換業務，交接起來也將更為順暢。

針對 B 級訓練員以上職級的員工，給予負責管理業務的訓練員及值班主管「高級訓練員」或「經理」之類的職稱頭銜，並給予酬勞的 30%～100%，作為達成目標的業績獎勵，也能有效激勵員工。因為藉由工作頭銜，能滿足員工對自身工作的榮譽感。

舉例來說，一名每月工作超過 100 小時以上的訓練員，達到各項職務能力之後，與其將整體時薪提高 70 日圓（100 小時×70 日圓＝7000 日圓），倒不如直接給予該名訓練員 7000 日圓的「**高級訓練員職級津貼**」，更能讓該名員工感受到這份工作的價值與重要性。

若依照傳統的薪酬制度，按員工的工作年資發給薪水，只要工作滿 6 年，不需經過任何職級或職能評鑑，基本時薪就能從 800 日圓調整為 900 日圓。這樣一來，只要

每月工作 100 小時，酬勞就是 900 日圓×100 小時＝9 萬日圓。

然而若依照筆者所提出的「**職務資格分級制度**」，員工必須達成 C 訓練員的評鑑標準，否則即使工作 100 小時，也無法獲取 9 萬日圓的酬勞。若要靠業務津貼賺取 9 萬日圓酬勞更是辛苦，因為員工必須熟悉多項業務，才能使 800 日圓的基本時薪提高 100 日圓。

這些以職務、職能作為評鑑標準的薪資體系，適用於新公司或新店家。**若想要在既有的制度體系下，實施全新的薪資體系，就必須先盤點所有的業務。**接著，再決定適合自家公司的薪資體系，將所有的工作細項配於各個職級與職能中，使薪資體系能更為明確，而且最好以白紙黑字敘明。此外，先前與兼職員工簽訂的「P/A 僱用契約書」（參見 53 頁），也必須配合全新的薪資體系重新擬定。

另外，在實施全新薪資體系的前 3 個月，要由總部以公告的形式向全體員工宣告。再由各分店店長為各自的員工舉行數次說明會。最後，透過個別面談，向每個人說明全新的薪資體系及時薪的調整方式。此時，務必明確告知員工——未來若無法具備應有的資格，就無法進行調薪，唯有加強自己的能力才能維持目前的時薪，進而促使對方持續進修。

在這種新舊交替的過程中，必定會有兼職員工因不滿新制而決定辭職，所以店長要有心理準備，提前委託其他兼職員工介紹或刊登徵人啟事。為了避免人事波動過於激烈，在旺季的前後，最好都不要實施全新的薪資體系。一般來說，在每年的 9 月至 11 月上旬實施新制會是比較好的選擇。

零售業的 P/A 職務（例）

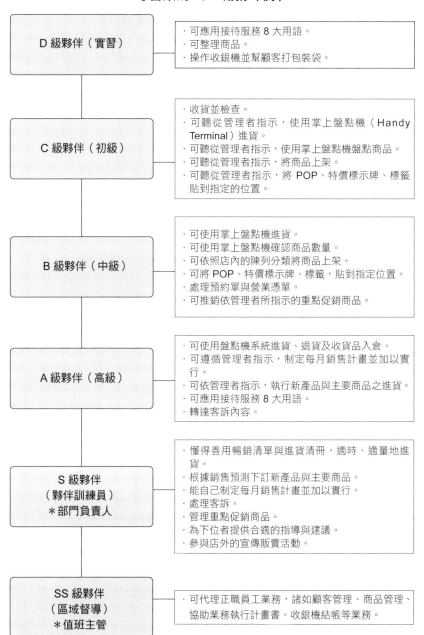

| D 級夥伴（實習） | ・可應用接待服務 8 大用語。
・可整理商品。
・操作收銀機並幫顧客打包裝袋。 |

| C 級夥伴（初級） | ・收貨並檢查。
・可聽從管理者指示，使用掌上盤點機（Handy Terminal）進貨。
・可聽從管理者指示，使用掌上盤點機盤點商品。
・可聽從管理者指示，將商品上架。
・可聽從管理者指示，將 POP、特價標示牌、標籤貼到指定的位置。 |

| B 級夥伴（中級） | ・可使用掌上盤點機進貨。
・可使用掌上盤點機確認商品數量。
・可依照店內的陳列分類將商品上架。
・可將 POP、特價標示牌、標籤，貼到指定位置。
・處理預約單與營業憑單。
・可推銷依管理者所指示的重點促銷商品。 |

| A 級夥伴（高級） | ・可使用盤點機系統進貨、退貨及收貨品入倉。
・可遵循管理者指示，制定每月銷售計畫並加以實行。
・可依管理者指示，執行新產品與主要商品之進貨。
・可應用接待服務 8 大用語。
・轉達客訴內容。 |

| S 級夥伴
（夥伴訓練員）
＊部門負責人 | ・懂得善用暢銷清單與進貨清冊，適時、適量地進貨。
・根據銷售預測下訂新產品與主要商品。
・能自己制定每月銷售計畫並加以實行。
・處理客訴。
・管理重點促銷商品。
・為下位者提供合適的指導與建議。
・參與店外的宣傳販賣活動。 |

| SS 級夥伴
（區域督導）
＊值班主管 | ・可代理正職員工業務，諸如顧客管理、商品管理、協助業務執行計畫書、收銀機結帳等業務。 |

11-3 建立「職能評鑑制度」

　　配合公司的發展與成長，建立「**職能評鑑制度**」是不可或缺的。因為隨著兼職員工與正職員工的人數增加，員工會尋求公正的評鑑制度或系統，以及相符合的薪資待遇。

　　若要實施職能評鑑制度，各行各業就必須依照公司的型態來擬定「**職能評鑑基準**」。包括以工作所需的「知識」與「技術、技能」為標準，以及達成目標的能力。

　　筆者將以具體的資料為例，而這份資料為日本厚生勞動省委託中央職業能力開發協會[25]（JAVADA）所製，目前已經有「超市、便利商店、百貨公司等零售業」的 10

---

25 職業能力評鑑的專門機構。

間公司，和「飯店、外食業、健身業、清潔業等服務業」的 14 間公司使用。其他包括成衣、活動等產業，也都有十分詳細的「**職能評鑑基準**」與「**職能評鑑制度**」。日本中央職業能力開發協會網站（http://www.hyouka.javada.or.jp/）皆有提供免費下載。

筆者獲得中央職業能力開發協會的許可，在此節錄、解說主題為「培育外食業人才」的摘要版資料。這份資料是由日本餐飲服務協會召集其會員——在各大型外食公司中專門負責人事、人才培育的部長，組成「職涯規畫委員會」所製作而成的。筆者也以主持人的身分，參與了 2005 年「**職能評鑑基準**」與 2014 年「**職能評鑑制度**」的規畫。

當時也進行了實驗，內容十分有益於正在成長、發展中的中小型公司。只要依照公司的型態予以調整，就可以立即運用。

姓名	實施日期

姓名（評鑑者）	實施日期

〈職業能力評鑑表〉

業種、職務	店鋪營運管理（餐廳）
等級	1
等級 1 的需求標準	擔任店員的工作且具備依循店長等幹部指示、建議，執行店鋪營運管理相關之工作能力。

■職業能力評鑑表的目的
職業能力評鑑表的主要目的為「培育人才」。藉由具體掌握「自己（或下屬）的能力程度」或「何處需要加強」，以獲得培育人才的有效方針。

■職業能力評鑑表的架構
職業能力評鑑表是由「共同能力」與「選擇能力」兩大部分所構成。「共同能力」是根據此業種與各等級所需的共同能力，適用於廣泛的的工作範圍。以店鋪營運管理等級 1 來說，不管職務分別，都必須訂立相同的工作內容。而「選擇能力」則是根據職務的不同而有相應的要求，像是廚房、外場服務，其工作內容自然就不同。

■職業能力評鑑表的使用方法
《關於「確實執行工作內容的基準」》
(1) 評鑑判定的順序
請根據「評鑑基準」按照「①自我評鑑」→「②主管評鑑」的順序執行。主管請另外填寫「③評語」欄位。尤其是當「自我評鑑」與「主管評鑑」有所不同的情況下，請列出具體事例，以說明自己作出這種評鑑。

(2) 評鑑的基準
　　○…可獨自完成（包括可以指導下屬、後輩）。
　　△…幾乎可獨自完成（有一部分需要主管、前輩或旁人的協助）。
　　✕…無法完成（總是需要主管、前輩或旁人的協助）。
（註）若此評鑑項目不符合業務內容的狀況
若被評鑑者不需執行評鑑項目所示的業務時，請打「—」，不作評鑑。

《關於必須知識》
被評鑑者請自我評估以○✕作答。請善用這個機會確認己身欠缺的知識，應用在之後選擇自我學習的方向上。

評鑑表

職業能力評鑑表（店鋪營運管理　餐廳　等級1）【評鑑的標準】

　　　　　　　　　　　　　　○：可獨自完成
　　　　　　　　　　　　　　　　（包括可以指導下屬、後輩）
　　　　　　　　　　　　　　△：幾乎可獨自完成
　　　　　　　　　　　　　　　　（有一部分需要主管、前輩或旁人的協助）
　　　　　　　　　　　　　　✕：無法完成
　　　　　　　　　　　　　　　　（總是需要主管、前輩或旁人的協助）

Ⅰ. 確實執行工作內容的基準　共同能力

能力項目	能力細節		能否確實執行工作內容的基準	自我評鑑	主管評鑑	評語
因應顧客的需求進行接待	① 理解待客的意義與顧客需求	1	抱持顧客至上的心情接待顧客。（表現在日常的言行與態度上）			
		2	確實理解外食產業中待客的重要性。			
	② 實踐待客之道	3	不會把私人情緒帶到工作上，總是能以笑容面對顧客			
		4	能貼心服務顧客			
維持團隊合作與人際關係	① 提升團隊分工的相關知識	5	能夠正確地完成交接工作			
	② 能與主管、同事與下屬合作以確實完成工作。	6	可依循團隊成員的建議與指導採取行動，有餘力時亦能協助同事的工作			
		7	不論對方是正職員工或 P／A，都能以適當的態度面對，建立良好的人際關係			
	③ 與相關部門及合作廠商建立良好的關係	8	當相關人員提問或尋求協助時，能積極應對			
		9	與其他部門或合作廠商積極建立交流			
維持與提升 QSC 標準	① 理解 QSC 標準的重要性	10	身為外食產業的一分子，明白 QSC 標準重要性，並努力理解各項守則的內容			
	② 實踐 QSC 標準	11	將待客守則落實在日常工作之中			
		12	將清掃守則落實在日常工作之中			
促進工作效率	① 遵守各項程序執行工作	13	遵守既定的作業程序執行工作			
		14	當小組成員違反規定時，能提出改善的建議或與主管討論			
	② 設法促進工作效率	15	嘗試用自己的方法改善工作效率			

【附錄】能力細項、確實執行工作內容的基準一覽（店鋪營運管理　內場　等級 1）

I 共同能力		
能力項目	能力細節	能否確實執行工作內容的基準
因應顧客的需求進行接待	① 理解待客之道與顧客需求	○ 對工作持有願景與強烈的動機。 ○ 了解待客的核心精神及待客原則的重要性。 ○ 面對客人時，總抱持著「顧客至上」的心情，將顧客的歡喜當成自己的欣喜與工作意義。 ○ 盡力滿足所有的顧客，想辦法掌握各顧客的需求。 ○ 熱於吸收各業種的待客守則與服務方式等資訊。 ○ 以合適的詞語打招呼與詢問事項。
	② 實踐待客之道	○ 不會把私人情緒帶到工作上，總是能以笑容面對顧客。 ○ 能貼心服務顧客。 ○ 以充滿同理心的態度接待顧客。 ○ 隨時注意自己的穿著打扮是否符合待客的禮節。 ○ 維持工作場所的整潔。 ○ 當顧客提出需求時，能迅速應對；若無法完成顧客的委託或期望時，亦能提出替代方案，與主管討論後再進行處理。
維持團隊合作與人際關係	① 提升團隊分工	○ 了解公司與團隊的經營目標與個人的工作任務及職責。 ○ 掌握所屬部門的業務流程，以及其他小組成員的工作分配。若有不明白的部份，會請教主管或同事。 ○ 依照公司的內部規則，將資訊確實地傳達給同事。 ○ 當自己獲得有助於工作的知識時，會與同事們分享。
	② 能與主管、同事合作以確實完成工作。	○ 能與他人合作，且確實完成自己應盡的職責與工作。 ○ 遵照主管或前輩的建議或指導採取行動，若有餘裕，也能協助同事的工作。 ○ 當工作上有不懂的地方時，會主動詢問相關人員。 ○ 不論對方是否為正式員工，都能一視同仁，建立良好的人際關係。
	③ 與相關部門及合作廠商建立良好的關係	○ 了解廠商與公司的合作內容，當對方有疑問或提出請求時，能積極應對。 ○ 積極參加會議或交流會，努力與其他部門或合作廠商維持良好的關係。 ○ 在尊重對方立場的前題下，積極地與他人互動。 ○ 當與其他部門或合作廠商意見相左時，會以「滿足顧客需求」為優先為判斷基准。

I 共同能力		
能力項目	能力細節	能否確實執行工作內容的基準
維持與提升 QSC 原則	① 理解 QSC 標準的重要性	○ 身為食品相關業者的一分子，明白 QSC 標準的重要性。 ○ 了解 QSC 標準在外食產業中的重要性，並理解待客與清掃等各項守則的內容。 ○ 透過 OJT 或研習來加強 QSC 標準。 ○ 不論是在廚房或外場的工作，都能隨時以落實 QSC 標準的原則檢視日常業務中的問題點，並設法改善。
	② 實踐 QSC 標準	○ 將待客守則或清掃守則中相關的 QSC 標準落實到日常工作之中。 ○ 接待顧客時，會因時制宜地說出合適的招呼語。一般可說：「您好，歡迎光臨」；若為常客來店時，則可說：「感謝您常常光顧小店」；天氣不好時可說：「感謝您下雨天還特地前來，謝謝光臨」等。 ○ 在清掃方面，遵照清掃守則及班表進行。工作完成後，須完成登記的確認工作。 ○ 絕對不可遺漏工作表與日程表等必要文件，並記得要將必要事項完整登記下來。
促進工作效率	① 遵守各項程序執行工作	○ 了解自己在組織、團隊內的工作任務與職責。 ○ 正確掌握工作流程，並將第一線的資訊反應給主管，提出有效的改善建議。 ○ 當同事在工作上違反規定時，會適時提出指正。 ○ 當負責的工作與執行方法或順序有模糊不清的部分時，會詢問主管或前輩以解決問題。
	② 設法促進工作效率	○ 嘗試以自己的方式改善工作效率。 ○ 當工作守則有效率不彰或不合時宜之處，能向主管提出改善方案。 ○ 熟悉並導入各種資訊工具，以改善工作效率。 ○ 積極參加電腦技能認證（TQC[26]）或國際標準化組織（ISO）[27]等

26. 「Techficiency Quotient Certification」的簡稱，全球首推為華人企業競爭力與個人職涯規劃量身訂作的電腦技能認證。

27. 「International Organization for Standardization」的簡稱，是國家標準機構之全球性聯盟，此國際標準可被內部及外部團體（包括驗證機構）使用，以評鑑組織符合顧客、法規及組織本身要求的能力

II 選擇能力		
能力項目	能力細節	能否確實執行工作內容的基準
廚房	① 工作準備	○ 可依序進行烹調的事前準備。 ○ 面對午餐等尖峰時段，能預作準備，以迅速提供餐點。 ○ 管理食材的保存溫度、保存期限、固定存放位置等，以確保新鮮度。 ○ 如有不新鮮或不符規定的食材，會適當地報廢。 ○ 除了管理食材庫存與新鮮度之外，也會注意進貨量，以求減少報廢的食材。 ○ 定時檢查廚房各項機器是否正常運作。 ○ 徹底進行調理區與廚房機器的衛生管理，實踐 5S（整理、整頓、清掃、清潔、躾）。
	② 工作實行	○ 按點單依序出餐時，要注意烹調的順序。 ○ 若為套餐，以出餐的順序為原則開始烹飪。 ○ 以更有效率的方式執行切、蒸、烤、炒、炸、加熱等基礎烹調手法。 ○ 確認食譜的烹調方式及餐點品質。 ○ 依餐點使用相對應的食器，並按照規定正確擺設餐具。 ○ 確認餐點的溫度、擺盤方式。 ○ 徹底執行衛生管理。
	③ 檢討工作	○ 當顧客抱怨上菜速度太慢或供餐錯誤時，不論責任歸屬，都能彈性地調整烹調順序，並及時提供餐點。 ○ 當顧客對餐點的味道、烹調方式表示不滿時，會確認現場餐點的狀況，並誠心誠意地道歉。有需要時可與店長討論。 ○ 努力學習烹調技術，克服不擅長的部分。 ○ 不斷檢視工作流程以排除造成食材浪費、效率不彰的步驟等增加成本的原因。 ○ 有任何改善餐點或烹調方法的想法，都會向店長報告。 ○ 會正確傳達注意事項給後續負責調理的人。

運用 OJT 溝通表

　　為使人才培育更為有效，必須追蹤並檢討人才培育措施的成果。此時，可以運用「OJT 溝通表」與主管、部屬面談，相互確認「成功點／失敗點」後，再決定下一步行動非常重要。

　　OJT 溝通表是指，將**職業能力評鑑表**（參見228頁）的結果圖像化，製成簡單易懂的表格，並根據評鑑結果，擬定員工未來的課題與目標。使用這張表格，具有下列的優點。

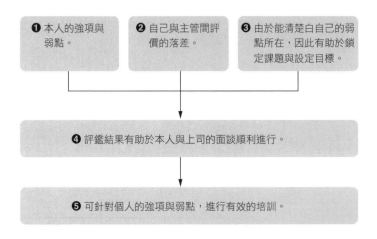

❶ 本人的強項與弱點。

❷ 自己與主管間評價的落差。

❸ 由於能清楚白自己的弱點所在，因此有助於鎖定課題與設定目標。

❹ 評鑑結果有助於本人與上司的面談順利進行。

❺ 可針對個人的強項與弱點，進行有效的培訓。

OJT 溝通表

隸屬單位				姓名		（簽章）	
職種、職務	店鋪營運管理	等級	等級 2	評鑑者姓名	●●●●		（簽章）
評鑑期間	西元	年	月	日 ～	年	月	日

技能等級確認圖

- 主管評鑑
- 自我評鑑

能力項目、分數一覽

能力項目	自我評鑑	主管評鑑
因應顧客的需求進行接待	1.5	1.5
維持團隊合作與人際關係	1.6	1.5
維持與提升 QSC 標準	1.7	1.5
促進工作效率	1.7	1.3
勞務管理	1.4	1.4
現金、營業額管理	1.3	1.2
設備、安全及衛生管理	1.2	1.0

鎖定課題、設定目標

確認成果

提升技能方面的課題

- 「設備、安全及衛生管理」項目的分數特別低，請務必再次熟讀設備管理與安全衛生管理相關的守則，並加以實踐。
- 總體而言，在待客意識與團隊合作等方面，動機與態度大致上沒有什麼問題，但在促進工作效率方面，並不如本人所想得那麼符合店內要求。

提升技能目標　　　　　※由上司評鑑現在等級

能力項目	能力細節	現在等級	目標等級
促進工作效率	② 設法促進工作效率	△	○
設備、安全及衛生管理	① 工作計畫	△	○
	② 工作推行	×	△

提升技能活動計畫

活動計畫	時程表、期限
· 先重新熟讀各項守則，在個別狀況下要將守則內容落實於行動中。 · ──────	· 持續實施至 20XX 年 X 月。 · ──────

實際成果

實際成果、本人意見	上司評語
· 這段期間內，完全沒有發生過重大的意外或客訴。而顧客的問卷中也對本店的清潔給予高度評價。 · ──────	· 雖然有發生過各式各樣的小狀況，但由於○○遵循守則迅速處理，而將可能擴大的問題防範於未然。 · ──────

chapter 12

帶人管理的
成功關鍵在於
「培育店長」

12-1 帶人管理與店長的領導能力

12-2 人事費用的管理與勞務分配

12-3 P/A 的適切人數與掌握班表的訣竅

帶人管理與
店長的領導能力

😊 店長必備 3 項信賴關係
與領導能力＝信任 × 尊重

一如 Chapter8-1 所述，對店長來說，有 3 項信賴關係十分重要，那就是「顧客信賴度」、「員工信賴度」、「公司信賴度」。一旦缺少了其中一項，便代表店長未能善盡職責。

「顧客信賴度」的指標為顧客人數、「員工信賴度」的指標為離職率，而「公司信賴度」的指標則為店鋪的預算管理。

①（固定顧客 × 來店頻度）＋新顧客人數＝因顧客增加而提升營業額

※只要提升公式中各要素的數字，即可**增加顧客數量**。

②「輕鬆學習」、「互相交流」、「加分主義」的勞動環境可**降低離職率**。

※詳情參考 Chapter 11-1

只要做到上述兩點，使徵才費等人事費用有效降低，即可達到預算管理的目標。換言之，這 3 項信賴關係之間有著高度的關聯性。待客業、服務業或流通零售業是「人的產業」，因此沒有「人＝員工」無法成立。

接著，讓我們思考一下這些勞力密集型產業的成功本質為何？**重點就在於店長的領導能力**。就像本書「募集人才、掌握人心、留住人才」所說的──透過面試錄取、新進員工訓練、階段性的人才培育、營造出能使員工快快樂樂成為團隊一分子的勞動環境等，這一切都取決於店長的能力。店長是否具備領導能力，將決定這 3 項信賴關係會進入好的循環或壞的循環。

領導能力＝信任 × 尊重

尊重是指表達敬意

> **3 項信任指標**
> - **顧客** ⇒ 顧客數量、與顧客接觸、個別應對
> - **員工** ⇒ 離職率、Employee Satisfaction，ES ＝員工滿意度
> - **公司** ⇒ 管理、確保與擴大預算

©清水均 2014

領導能力＝「信任 × 尊重」是乘法公式。這點非常重要。為什麼呢？如果是加法，那麼「信任 1＋尊重 0＝領導能力 1」，即使有一方為零，也可以成立。然而乘法只要有一方為 0，「信任 1 × 尊重 0 ＝領導能力 0」，答案就會是零。無論欠缺的是信任或尊重，結果都一樣。

相反的，若是信任與尊重兼備，「信任 2 × 尊重 2 ＝ 領導能力 4」、「信任 2 ×尊重 3 ＝領導能力 6」，兩邊皆為 2 以上，就能確實發揮相乘的效果，使領導能力日益提升。

「信任」是指店長信賴員工，願意將工作交付給員工；「尊重」是指店長與員工互相表達敬意。不管是在說話方式或態度上，都要尊重對方的言行。

訓練的基礎在於肯定、鼓勵、誇獎部屬。店長必須由衷信任並尊重部屬，才能做到肯定、鼓勵與誇獎，否則店長將無法獲得部屬的信任與尊重。

　　或許有些古老，但請容筆者介紹第二次世界大戰時美國最害怕的日本人──日本海軍聯合艦隊司令長山本五十六[28]的名言。開頭的片段經常被使用於 OJT 的說明，因此可能有許多人曾經聽過。讀完之後，各位將會發現這段名言闡明了領導能力與訓練的精髓。

「做給他看、說給他聽、讓他嘗試，

　　　　　　　若不給予讚美，人不會主動。」

「討論、傾聽、肯定，

　　　　　　　若不交給他做，人不會進步。」

「懷抱感謝，並守護他的行動，

　　　　　　　若不信任他，人不會成功。」

　　　　　　　　　　　～聯合艦隊司令長官　山本五十六

---

28 1884 年 4 月 4 日～ 1943 年 4 月 18 日，日本海軍軍人，曾留學美國哈佛大學，第二次世界大戰期間擔任日本海軍聯合艦隊司令長官。

12-2 人事費用的管理與勞力分配

　　「**以必要且最低的人事費用維持平衡，才能達成目標毛利（gross profit）**」這是筆者對於待客業管理中數字管理的定義。

　　為此，首先必須盡可能達成（1）的「營業額目標」。以餐飲業為例，建議分成午餐與晚餐時段，藉由達成分段營業額目標（計畫），進而達到每日營業額目標。

　　舉例來說，針對午餐時段的營業額目標（Plan），經過全體員工的努力運作（Do）後，於下午 4 點收銀台小結時進行確認（Check）＝**評估結果**。若午餐時段的目標未達成，就必須留意其差額（與計畫的差異），並於晚餐時段加倍付諸行動（Action），盡可能達成當天的營業額目標。

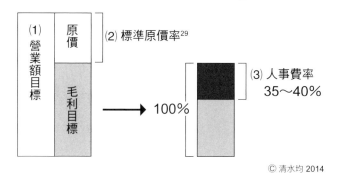

以必要且最低的人事費用維持平衡,才能達成目標毛利。

(1) 營業額目標 ／ 原價 ／ (2) 標準原價率[29]

毛利目標 → 100% ／ (3) 人事費率 35~40%

© 清水均 2014

「**營業額 ＝ 顧客人數 × 顧客消費單價**」。全體員工必須致力於提高顧客人數和顧客消費單價,也就是算式中的 2 個要素。在提高顧客人數方面,可以努力提升尖峰時段的翻桌率,或積極招攬對店面入口處的料理模型、招牌上的推薦商品感興趣的顧客:「歡迎光臨,請進來坐。」

至於顧客消費單價,則可細分成 2 個項目。「**客單價＝平均購買商品項數 × 商品平均單價**」。因此若要提升顧客的平均消費,可以增加每位顧客的平均購買商品項數(副餐、飲料與甜點等)或平均單價(在能力所及範圍內,並向顧客推薦單價較高的商品等)進行販售。

---

29 指原料成本占售價之比重。

成衣業則可根據店鋪的目標顧客，利用假人模特兒呈現吸睛的流行服飾（商品）以提升平均單價，或是推薦顧客購買絲巾、首飾等相關商品，提升平均購買商品的項數（＝成套率[30]）。

　　若是客單價無法分解，則以下列算式計算。

平均購買商品項數＝總販售商品數÷顧客人數
商品平均單價＝營業額÷總販售商品數

　　接著是餐飲業，可由總部統一製作菜單，以達成（2）的標準（應該維持的）原價率。各店面必須透過訂單管理與損失控制管理，維持其標準率。此外，流通零售業應於總部進行銷售規畫，設定目標（應該達成的）毛利率，以選擇商品與規畫賣場。各店鋪也必須透過訂單管理與損失控制管理，達成該目標毛利率[31]。

　　一般來說，餐飲業習慣以原價率為優先考量，而流通零售業習慣以毛利率為優先考量。事實上，流通零售業等產業會透過剩餘商品特賣會的舉辦，設法達成目標毛利（金額）。接下來才是重點。為達成目標毛利，必須以必要且最低的人事費用取得平衡。在數字管理中，如圖

---

30 成套率＝銷售總數量÷購買人數＝○○項／人
31 （銷售收入－銷售成本）÷銷售收入×100%。毛利率越高，代表控制成本的能力越強。

（3）所示，人事費用占毛利的 35～40%為最適當。此數
值稱為**勞動分配率**，簡單來說，就是毛利中人事費用的比
例。

勞動分配率＝人事費用 ÷ 毛利

若要以必要且最低的人事費用取得平衡，就必須透過
教育訓練，提升全體員工的服務、作業能力與效率，進而
提升生產力。

此外，在運作與進行各項業務時，打造店內組織（分
配角色的機制）也是不可或缺的。在此複習一下，「團隊
合作優異」這句話真正的意義為「適材適所地配置全體員
工，透過眼神接觸等溝通，使全體員工同心協力。此外，
全體員工都能確實扮演自己的角色，互信互賴」。

最後，帶領團隊一如前項（238 頁）所述，店長的領
導能力不可或缺。店長發揮領導能力，提升全體員工的能
力，掌握全體員工的特質（亦即多元性），進而打造店內
組織。團隊合作的結果將反映在勞動分配率的數值上。這
是待客管理的精髓，也正是店長的領導能力的本質。

**為使公司穩定成長，無論是餐飲業、流通零售業，店
面的勞動分配率皆需控制在 35～40%。**事實上，與流通
零售業等產業相比，餐飲業的顧客消費單價與營業額偏
低，不過餐飲業的標準原價率也比較低。反觀流通零售業

等其他產業，儘管顧客消費單價與營業額較餐飲業高，但毛利率卻比較低。因此勞動分配率皆以 35～40%為宜。

　　讓我們以具體實例來計算看看：
● 餐飲業　　標準**原價率** 30% ⇒ 毛利率 70%
每月營業額 600 萬日圓×毛利率 70%×勞動分配率 40%
＝每月人事費用 168 萬日圓

● 流通零售業　　**毛利率** ⇒ 28%
每月營業額 1500 萬日圓×毛利率 28%×勞動分配率 40%
＝每月人事費用 168 萬日圓

　　也就是說，每月的人事費用並不會改變。儘管各行各業不能一概而論，然而由此可知，若換算成流通零售業，餐飲業的營業額就必須乘上 2.5～3 倍（此處為 2.5 倍）。比如說，若餐飲業的年營業額為 1 億日圓，而以毛利率來觀察並比較營業額，那麼流通零售業的營業額就會是 2.5～3 億日圓。

　　為何勞動分配率有 5%的彈性空間呢？這是因為隨著公司的成長（大量展店），店面的勞動分配率必須降低。大量展店後，為提升店面的運作效率與生產力，必須設立總部、中央廚房配送中心等，因此會產生**固定經費**。這樣

一來，為了使公司整體的勞動分配率維持在 40%以內，所有分店的勞動分配率必須降低至近 35%，才能使公司穩定成長。

各行各業的勞動分配率皆不同。當然，毛利率較高、能夠輕鬆提升毛利率的產業、能夠透過適當大量展店成為連鎖或加盟品牌的公司是最為有利的。比如說，餐飲業中的麵類餐廳、服務業中的美體美容或美甲、流通零售業中的二手書或遊戲軟體販售等。但由於這些行業競爭激烈，即使大量展店成為連鎖或加盟品牌，也只是營業額看似增加，其實利潤並沒有隨之提升。這不是真正的「成長」，而是「膨脹」。在「膨脹」的公司裡工作，員工幾乎沒有未來可言。因為這些公司有個共通的特徵——缺乏 25～45 歲的賢才。

「企業即人」——這是日本經營之神松下幸之助的名言，意指包括正職員工、兼職員工等人才的培育，與公司的成長最是關係密切。因此經營者絕對不能忘記「培育人才，組織才能壯大；組織壯大，人才更能成長」。

待客業成功的關鍵在於「店長培育」。基本上，能穩定而持續地培育出多少位店長，才能拓展多少間店面。為此，**公司必須建立階段性訓練的教育制度**，繼而構築能使店長放心規畫未來的年薪制度，以及能使店長在工作與生

活間取得平衡的勞動環境。

人事費用管理的主要用語、計算實例

人時營業額＝營業額÷總工作時數

　　　　　　　　→60 萬圓÷120 小時＝5000 圓

人時生產力＝毛利額÷總工作時數

　　　　　　　　→（60 萬圓×60％）÷120 小時＝3000 圓

　　　　　　　　5000 圓×60％＝3000 圓

人時服務客數＝顧客人數÷總工作時數

　　　　　　　　→480 人÷120 小時＝4.0 人

人時服務客術×客單價＝人時營業額

　　　　　　　　→4.0 人×1250 圓＝5000 圓

> （例）　單日營業額　60 萬圓
> 　　　　單日總工作時數　120 小時
> 　　　　單日顧客人數　480 人
> 　　　　毛利率　60％
> 　　　　客單價＝60 萬圓÷480 人＝1250 圓

※本表為餐飲服務業用。更改毛利率則可適用於其他零售業。

　　左方的「**目標年收益與必要人時生產力、人時營業額**[32]」，假設每年休假 100 天、每年工作 2120 小時。

　　關於上述假設，讓我們從其他角度觀察看看。由於「每年 365 日 ÷ 每週 7 天 ＝ 52 週餘 1 天」，所以每年算 53 週。而日本的法定工作時數是每週 40 小時（台灣亦同），每年 53 週×每週 40 小時＝每年 2120 小時，與資料相同。

---

32 由店長用來確認人事費用效率的指標。

目標年收益所與必要的人時生產力、人時營業額

前提條件	一年假日　　　　100 天……工作日數 265 日
	一年工作時間　265 日×1 天 8 小時＝2120 小時

$$勞動分配率＝\frac{人事費用}{毛利額}……假定為 40\%$$

（例）
$勞動分配率＝\dfrac{人事費用}{毛利額}$　　$40\%＝\dfrac{300 萬圓}{一年毛利額}$

	300 萬圓	400 萬圓	500 萬圓
平均目標年收益	300 萬圓	400 萬圓	500 萬圓
必要年度勞動生產力	750 萬圓	1000 萬圓	1250 萬圓
必要人時生產力	3538 圓	4717 圓	5896 圓
毛利率 20％的必要人時營業額	17690 圓	23585 圓	29480 圓
毛利率 25％的必要人時營業額	14152 圓	18868 圓	23584 圓
毛利率 30％的必要人時營業額	11793 圓	15723 圓	19653 圓
毛利率 65％的必要人時營業額	5443 圓	7257 圓	9070 圓
毛利率 70％的必要人時營業額	5054 圓	6739 圓	8423 圓

年度勞動生產力÷一年工作時間＝人時生產力
（例）　750 萬圓÷2120 小時＝3538 圓

人時生產力÷毛利率＝人時營業額
（例）　3538 圓÷毛利率 20％＝17690 圓

接著，假設勞動分配率是 40%，並按各毛利率計算出必要人時營業額。比如，當公司每年必須為店長花費 300 萬日圓的人事費用時，店長的生產力就必須達到 750 萬日圓。接著，以 750 萬日圓除每年工作時數 2120 小時，必要人時生產力（每名員工每小時所需毛利）為 3538 日圓。若毛利率是 70%（餐飲業），必要人時營業額（每名員工每小時所需營業額）就是 5054 日圓。

　　資料最下方以毛利率 20%（一般書店）為例，此時必要人時營業額是 1 萬 7690 日圓。這個數字對於傳統的小型書店來說，簡直就是天文數字。因此傳統的小型書店日漸消失，取而代之的是網路販售、DVD 租借、文具販售等大型複合店、二手商店等。無法以附加價值提升毛利率的一般書店，若非自己人（不需支付人事費用）以自有房產（不需支付房租）經營，幾乎不可能生存。

12-3 P/A 的適切人數與掌握班表的訣竅

☺ 適當的兼職員工人數,是人事費用的管理基礎

店面的人事費用管理必須從控制兼職員工的人事費用著手。由於**「兼職員工的人事費用=時薪 × 工作時數」**,可以控制的主要是工作時數。為什麼呢?因為時薪會受到競爭對手、地區、行情等影響,不太可能與其他店鋪差距太大。因此,在提升顧客滿意度的同時,控制 P/A 的工作時數將是人事費用管理的關鍵。

此外，兼職員工每月可以排班的時數有限，他們會希望以固定的時數獲取一定的酬勞，因此在控制兼職員工的工作時數時，必須依照每年營業額的變動，預估每月需要的兼職員工人數。此時計算「季節指數」（參見Chapter9-2）並使其圖表化，既簡單又方便。

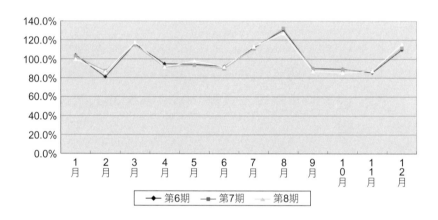

由於店長必須隨時因應人手不足的問題，因此每年都要根據上述資料，擬定徵人計畫並及時行動。若一年中有數次旺季，最遲也要在 3～4 週前錄取並培育新的兼職員工。具體事項一如 254 頁的「P/A 每年錄取計畫表」所述，那可以說是控制人事費用的基礎。說明如下：

(1) 計算每月營業額目標

(2) P/A（1 人）每月目標酬勞÷P/A 平均時薪＝P/A（1 人）平均每月工作時數

(3) 每月營業額÷人時營業額＝工作時數

(4)（工作時數－員工工作時數）÷P/A（1 人）平均每月工作時數＝每月 P/A 人數

◆具體實例：

(1) 假設 5 月的**營業額目標**為 1000 萬日圓

(2) P/A（1 人）每月目標酬勞為 8 萬日圓，而平均時薪為 800 日圓

8 萬日圓÷800 日圓＝100 小時……P/A（1 人）平均每月工作時數

(3) 假設 5 月的**人時營業額**為 5000 日圓

1000 萬日圓÷5000 圓＝2000 小時……5 月的工作時數

(4) 若員工工作時數為 200 小時×3 人＝600 小時

（2000 小時－600 小時）÷100 小時＝14 人……5 月 P/A 人數

在兼職員工異動等不穩定的月分，則必須自（4）計算出的人數扣除在職人數，確認不足人數後，預先多錄取 1～2 成的兼職員工人數。

P/A 每年錄取計畫表

	計畫營業額	必須員工數	在職員工數	不足員工數	主婦	打工族	大學生	高中生	招募方式預定錄取	備註（有人介紹等）
1 月	元	人	人	人	人	人	人	人		
2 月	元	人	人	人	人	人	人	人		
3 月	元	人	人	人	人	人	人	人		
4 月	元	人	人	人	人	人	人	人		
5 月	元	人	人	人	人	人	人	人		
6 月	元	人	人	人	人	人	人	人		
7 月	元	人	人	人	人	人	人	人		
8 月	元	人	人	人	人	人	人	人		
9 月	元	人	人	人	人	人	人	人		
10 月	元	人	人	人	人	人	人	人		
11 月	元	人	人	人	人	人	人	人		
12 月	元	人	人	人	人	人	人	人		

每周排班步驟

雖然(3)使用人時營業額，我們也可以將營業額除以平均消費，得到每月顧客人數，再除以每月目標人時接待數（勞動指數），得到每月計畫工作時數。

　　排班是店長最優先的業務，相信讀完本書，其中原由已經不言而喻。面試時錄取具備天分的人才、透過新進員工訓練賦予動力，以及實施初期教育與基礎訓練。這樣一來，就能決定店面服務品質的基礎。
　　之後，依循階段性訓練課程，肯定員工的多元性，設法透過人才培育使員工發揮個人特質。店內組織分工合作，並確切落實分工分責，進而達成整體化的目標。

　　排班時，要能確實掌握各兼職員工於教育訓練的進度與熟練程度＝個人能力，及可排班的日期與時段。此外，也要留意兼職員工的希望待遇。**這是經營「人」的層面。**

　　此外，排班時要預測各日期及時段的營業額，接著分配工作。每週可預測不同部門的營業額，並依照部門、作業（清潔、檢查、準備、結帳與接待等）掌握作業分量。依循標準作業守則計算必要的時數。餐飲業的部門可分為外場與內場；而超市則可分為生鮮食品、熟食、魚類、肉類等。

這部分的文字說明比較難懂，不過圖表詳細說明了排班的步驟。**這是管理的層面。**

排班需要確實掌握人與管理（必要且最低的人事費用）這兩個層面。因為即使時數符合預期的營業額，若是人手不足、工作分配不均，也無法滿足服務與作業（無法達到分工與分責），甚至可能導致客訴出現、顧客減少。

相信各位閱讀時觀察 255 頁的「每週排班步驟」時，一定能體會到其重要性。當店面運作步上軌道後，每週預期營業額時的誤差就會縮小。這樣一來，排班也能越來越標準化。班表標準化有下列 3 項重點。

● **確認各時段的例行作業符合標準化、單純化與系統化**
※尤其是開店與打烊時的作業
● **依照不同日期製作標準班表**
※一般分為平日、週末與超級尖峰日
● **依照預期的營業額，調整尖峰時段等的時數**
※參考下列「＋α 時間的比例」

在流程圖中，「**最低標準時數＋a 時間的比例**」是指依照不同部門的營業額目標所設定的適切時數。最低標準**時數**，是指最低工作時數，也就是從開店到打烊的最低時數。

比如說，每間店鋪每年都會有營業額最差（最低）的時期，包括受颱風、大雪等天候因素影響所致，倘若能夠事先掌握最低的營業額，就以此為最低工作時數＝最低標準**時數**。

最低標準**時數**（最低營業額所需的最低工作時數）必須配合營業額目標進行調整，否則無法維持店面運作的品質。此處以「最低標準**時數**＋α時間」來呈現。通常是以尖峰時段的服務時數、食材的前置處理、料理作業等時間為主，再加上α時間。一旦營業額目標增加，這些時數也會跟著增加。這樣計算，才能使服務品質與供貨情形穩定。

「最低標準時數＋α時間的比例」，換句話說就是chapter12-2 中待客業數字管理的定義：「以必要且最低的人事費用維持平衡，才能達成目標毛利」。為了在顧客滿意度與利潤之間取得平衡，必須隨時培育人才，適當分工。這樣一來，就能有所準備地為各日期及時段排班。這正是店長必須最重視排班業務的原因。

最後，筆者將實踐時的重點整理成「排班 10 條鐵則」。

● 排班 10 項鐵則

1. 配合店鋪（公司）的情形。

   ※排班時，檢視個人能力、技術、熟練度、協調性、領導能力等。

2. 明確掌握兼職員工每月工作日期（通常為固定班表）

   ※若是不符合兼職員工的希望待遇，必須事前告知理由（店面情形、本人能力、排班情形等）。

3. 擬定最低標準的工作時數。

   ※以平日的最低標準時數（最低標準工作時數）為標準。

4. ・決定張貼公告的日期與地點。

   ※約 7～10 天前公告未來 1 週的排班表。

5. 公告時以螢光筆標示人手不足的時段，鼓勵兼職員工排班。

   ※若公告數天後仍人手不足，店長必須主動詢問適合的兼職員工是否可排班，但要避免依賴特定的兼職員工（容易造成員工壓力，因而流失人才）。

6. 公告後若要調班，可交由兼職員工聯絡、調整，只要人選適當即可。

   ※請兼職員工互相配合調班。若兼職員工大多是家庭主婦，也可建立 3～4 人的小組，允許他們自由調整特定時段的班表。

7. 根據營業額目標與進度，調整新進員工第 3 天
   上班之後的時數。

   ※調整以週六、假日等兼職員工較多的尖峰時段
   為主，而且必須維持公平性。

8. 週日、假日的排班時數要維持公平性，確保所有
   兼職員工都能充分休息。

   ※在面試時或錄取前確實告知（週日、假日能夠
   排班的人將優先錄取。每年的春節、黃金週、中
   元節等假期都必須維持公平性）。

9. 規定暑假、連假等假期，若要與親友出遊，必須
   事前申請。

   ※至少要在 3 週前以書面申請，而人手不足的
   時段則要互相協助。

10. 店長休假前必須提醒當天排班的主要兼職員工，
    並做出指示。

    ※在準備休假的 2、3 天前，店長就要以開朗的
    態度，多次提醒可能會臨時請假或遲到的兼職員
    工。若當天同時有 2 位以上的領班，則明確指
    示當天由誰負責，並確實交接。休假結束後，要
    求負責人詳細報告當天情況。

後記

　　前作《待客訓練》於2004年10月付梓至今，已經過了
10年。託各位讀者的福，《待客訓練》被廣泛應用在餐飲
業、飯店業、零售服務業，並且進一步應用於亞洲汽車製
造商的員工訓練課程中。去年推出《待客訓練》一書的新
裝改訂版後，不僅應用在待客業，更成為美容院、美體沙
龍、計程車公司的研習教材。

　　筆者將本書《厲害店長帶人管理術》視為《待客訓
練》的姊妹作。在員工重視自我實現、努力在工作與生活
之間取得平衡的今日，公司永遠都必須以實現企業理念為
使命，給予員工明確的未來願景，追求穩定成長。為了實
現上述兩點，待客業、零售服務業必須**妥善管理以兼職員
工為主的人力資源**（Human Resources）。更甚者，這套
管理方法還可以用來將新進員工培育成主任或代理店長。

以兼職員工、正職員工等人力資源來說，最講求的就是天分（資質、才能），這也正是待客管理的關鍵之一。因此筆者將本書書名訂為《厲害店長帶人管理術》。

　　每逢週末、連假、暑假等一般人休閒、購物與度假的歡樂時刻，都是待客業、零售服務業的工作旺季，倘若員工無法用心服務顧客，並將顧客的喜悅轉化為自己的喜悅，便無法持續這份工作。所以，唯有確實招募具備這種天分（才能、資質）的人才，錄取後加以培育，促使其在組織中善盡職務，並發揮個人特色，進而建立團隊合作──**才是待客業的成功之鑰。**

　　如今從建築業到零售服務業等各個產業，都面臨著人手不足的問題，這個問題想必未來會更加棘手。然而，「人手」這個詞往往會給人一種「誰都可以」的印象。若將兼職員工視為單純的「人手」，並使用傳統的管道與方法徵人，應徵者只會越來越少。此外，之所以會流失許多寶貴的「人才」，大多是因為店家對待應徵者的態度不妥，或是店長缺乏面試技巧與對新進員工訓練的認識。這不單單只是各公司、各商店的問題，更直接與零售服務業等待客業的整體形象下滑相關，造成剛畢業的應徵者顯著減少。

希望本書能對上述產業盡一分心力，也能使更多正職員工、兼職員工透過工作，實現**夢想、生活、人生**。

從成為長銷書的第一本著作《餐飲服務問題集》（1994年，商業界出版）算起，本書已是筆者的第十本著作了。因此，筆者要將本書獻給兩位恩師——曾任日本郵輪座艙長的已故加藤嘉七雄先生、日本餐飲業顧問始祖的已故小熊辰夫先生，感謝他們使筆者明白待客業的深奧之處。

最後，在此感謝出版時提供大力協助的日經餐廳編輯部太田憲一郎先生、戶田顯司總編輯。謝謝！

清水均

緊急應變準則

依序說明如何因應緊急情況及處理的基礎步驟。

1. 保持冷靜是首要之務，以免因慌張而手足無措。發生火災時，請使用滅火器滅火，並關閉所有瓦斯開關。
2. 立即通報 119，並聯絡大樓防火管理人（或是位於大樓內的店家）。
3. 引導顧客避難逃生

   ※地震時請顧客留在原地，並用枕頭或其他物品遮住頭部，請勿搭乘電梯。

   ※一般中小規模的地震歷時不超過 1 分鐘，因此只要過了 1 分鐘，大致上就可以稍稍放心；強烈地震時，應留意餘震的情況，加強防範，確保自身安全。
4. 員工自行避難（發生火災時，請使用滅火器滅火）。
5. 如時間允許，應迅速攜帶重要物品（緊急用品或火災逃生包）離開現場。
6. 發生火災時，協助滅火作業能順暢進行。
7. 根據緊急聯絡清單進行聯絡通報。
8. 取得復原作業與正確資訊。
9. 根據指定程序進行報告。

緊急聯絡清單

消 防 署	
警 察 署	
急 救 醫 院	
管 理 室	
電 力 公 司	
瓦 斯 公 司	
自 來 水公司	
衛 生 所	

發生火災時通報範例：

發生火災了。地點在○○，附近有○○。（附近地標）

○樓的○○冒出大火（小火）。目前人員還來得及避難。指揮人員在○○待命。

火災逃生守則

1. 店長或代理店長首要保持冷靜，並沉著快速地指揮。

   ● 使用滅火器熄滅火源，並關閉瓦斯、烹調設備等電器。

   （油炸機、烤盤、火爐、熱水器、鍋爐等）

   ● 負責對各部門通報火災狀況、緊急應變事項，以及將火災訊息通報當地消防機關（防火管理人或大樓店家）。

發生火災了。地點在○○，附近有○○。（附近地標）

○樓的○○冒出大火（小火）。目前人員還來得及避難。指揮人員在○○待命。

※從實際火災案例中可以發現，許多民眾遇到火災時，經常緊張得講不出話來。建議事前擬定通報的台詞及備妥聯絡人清單，一旦緊急情況發生，負責人只需要唸出來即可。

● 引導顧客避難逃生，先使用滅火器滅火。

※確認洗手間裡是否有顧客、確認大型冷藏庫裡是否有員工。

● 判斷無法滅火時，要求員工迅速逃離。

● 如時間允許，攜帶緊急用品（現金、重要資料等）離開現場。

※事先決定好緊急用品的優先順序。

生命遭受威脅時，以疏散顧客逃生為優先。

---

2. 確認顧客、員工的安全，協助滅火作業能順利進行。

3. 根據緊急聯絡清單進行聯絡。

4. 掌握滅火後復原作業及受害情形。

地震因應守則

1. 地震發生時，請立刻熄滅火源、關閉瓦斯。

   由店長確認電器是否關閉（油炸機、烤盤、火爐、熱水器、鍋爐等）。

   ※由領班確認是否已備妥安全設備（面罩、滅火器、防護衣物等等），以備不時之需。

2. 靜候觀察 1 分鐘。

   ※一般中小規模的地震歷時不超過 1 分鐘，因此只要過了 1 分鐘，大致上就可以稍稍放心。

3. 由店長或代理店長預先做好引導避難的準備工作。

   ※店長要站在大家都可以看得見的位置待命，使其他人感到安心。

4. 震動劇烈時，請顧客移至安全地點。

   ※留意窗戶玻璃、水晶燈等沉重燈具，及畫框擺飾等。

5. 如有必要，建議顧客躲在餐桌下。

6. 其他……若店面位於海岸附近，必須透過電視、收音機確認海嘯警報，同時監控海面狀態。如有必要，告知顧客正確資訊、引導顧客避難逃生。

強化地震防災地區

靜岡縣、山梨縣、神奈川縣靠近靜岡縣的地區，若事前獲知地震預報：

● 以牛皮紙膠帶在窗戶玻璃上貼╳字。

● 淨空入口、緊急避難出口，確保避難路線。

● 若有時間，準備緊急用品（重要資料、現金）。

   ※前提是事前決定並訓練各負責人。

（註）日本政府於 1978 年根據「大規模地震對策特別措置法」（消防法），將上述地區指定為「地震防災對策強化地區」，強化觀測技術，提升地震規模 8 以上的強烈地震發生時預報、警戒的可能性。因此有一定程度的應變對策，能夠防止或減輕受害（節錄自日本自治省消防廳《地震手冊》）

颱風因應守則

1. 事前透過電視、收音機了解颱風規模、路線等資訊。若是強烈颱風,則進行下列確認與準備。

2. 拆除店面招牌(看板)、屋頂、植栽等一切可能會被強風吹走的物品。確認停車場及其周邊,事前處理可能因強風豪雨造成危險的物品。

3. 確認屋頂排水與水溝,去除枯葉、髒汙,確保排水順暢。

4. 準備手電筒(2 支以上)與蠟燭,以防停電。

5. 店長應根據天氣及道路交通等情況,酌情決定應否讓員工提早下班。

6. 颱風通過時若發生以下情況,經過緊急處理後,應迅速聯絡總部並接受指示。

   ● 因河川、下水道的問題,導致店內淹水。

   ● 異常漏水。

   ● 因強風導致玻璃破裂或看板掉落,造成危險。

   ● 停電 20 分鐘以上仍未復原。

   ● 顧客發生異常狀況。

   ● 優先確保顧客與員工的安全。

   　　※如有必要,以牛皮紙膠帶在入口與玻璃上貼╳字,並封閉縫隙。

   ● 其他……事先確認若無法與總部聯絡時,店長的權責範圍。

停電因應守則

1. 突然停電時,根據附近店家、住宅的燈光,確認停電範圍(若只有店面停電,則要確認斷路器)

2. 關閉冷藏庫、冷凍庫、製冰器、鍋爐等動力設備。

   ※因為通電時可能會因一時電流過大而造成危險。

3. 聯絡電力公司,確認復原時間(停電多久)與停電原因。

4. 確實告知顧客停電狀況,使其安心。

> 經與電力公司查證之後,約○○分後將全面恢復正常供電 。停電原因是○○。
> 抱歉造成各位用餐時的困擾,敬請耐心等候。

- 若預定 20 分鐘以內復原,應迅速恢復正常供餐。
- 若預定 20 分鐘以上才會復原,請尚未點餐的顧客稍候,或為其介紹停電地區外的店家。聯絡公司總部,並接受指示。
- 結帳時,用計算機或紙筆計算,並將金額登記於傳票上。如有必要,應提供收據給顧客。

5. 若停電預定持續 2 小時以上,準備乾冰或裝滿冰塊的塑膠袋放進冷藏庫。

   ※將乾冰與冰塊廠商的聯絡方式列入緊急聯絡清單。此外,停電時盡可能不要打開冷凍庫、冷藏庫的門。

6. 通電後,依序開啟相關設備。如有必要,按下重新啟動按鈕(應事前掌握重新啟動按鈕的位置與操作方法)

7. 確認電器設備的運轉情形,若有異常,應盡速安排檢修。

8. 正常供電後,請先進行店內處理工作,於事後再向總部報告。

停水因應守則

事前若獲知消息，接受總部的指示。

1. 關閉相關設備（冷卻水塔、鍋爐、製冰器、冷藏庫、熱水器等）

   ※事先確認店面設備為水冷式或空冷式。

2. 突然停水時，聯絡水力公司，確認復原時間（停水多久）與停水原因。

3. 聯絡總部並接受指示。

4. 向顧客說明停水狀況（餐飲業）

   ● 不受阻礙時，原則上還是要提供調理中及點餐後的料理。

   ● 受到阻礙時，請尚未點餐的顧客稍候，或為其介紹其他店家。

   ● 在入口外面配置代理店長或資深兼職員工，告知蒞臨的顧客目前店裡停水。若預定 20 分鐘以內會復原，可請其稍候，或為其介紹其他店家。

5. 正常供水後，立刻開啟相關設備。如有必要，按下重新啟動按鈕（應事前掌握重新啟動按鈕的位置與操作方法）。

6. 確認相關設備的運轉情形，若有異常，應盡速安排檢修。

7. 正常供水後，請先進行店內處理工作，於事後再向總部報告。

厲害店長帶人管理術/清水均著；賴庭筠, 林心怡譯.
-- 二版. -- 臺北市：八方出版股份有限公司, 2021.09
　面；　公分. -- (How；92)
ISBN 978-986-381-230-2(平裝)

1.企業領導 2.組織管理

494.2　　110014375

How92

Hospitality Management

一直找人，你累了嗎？

厲害店長
帶人管理術

作　　者	清水均
譯　　者	賴庭筠、林心怡
編　　輯	王雅卿、黃凱琪
美術編輯	菩薩蠻數位文化有限公司
封面設計	王舒玗
總 編 輯	賴巧凌
發 行 人	林建仲
出版發行	八方出版股份有限公司
地　　址	台北市中山區長安東路二段171號3樓3室
電　　話	(02) 2777-3682
傳　　真	(02) 2777-3672
總 經 銷	聯合發行股份有限公司
地　　址	新北市新店區寶橋路235巷6弄6號2樓
電　　話	(02) 2917-8022
傳　　真	(02) 2915-6275
劃撥帳戶	八方出版股份有限公司
劃撥帳號	19809050
定　　價	320元

二版1刷 2021 年 9 月

HOSPITALITY MANAGEMENT written by Hitoshi Shimizu.
Copyright ©2014 by Hitoshi Shimizu. All rights reserved.
Originally published in Japan by Nikkei Business Publications, Inc.
Traditional Chinese translation rights arranged with Nikkei Business Publications, Inc. through BARDON-CHINESE MEDIA AGENCY.